湿地保护修复与可持续利用丛书

本书受国家自然科学基金面上项目“乡村景观中的小微湿地网络及调控机理研究”（52178031）资助

Restoration and Ecological Wisdom of Haizhu Wetland

海珠湿地修复与生态智慧

■ 蔡　莹　袁兴中　范存祥　林海波◎著

科学出版社

北　京

内 容 简 介

海珠国家湿地公园是地处珠江三角洲都市区核心区域的半自然果林-河涌-湖泊复合湿地生态系统，在数百年的发育与发展过程中，其保护、管理过程蕴含着珠江三角洲原住民的生态智慧。本书以广州市海珠国家湿地公园为例，围绕“海珠湿地修复与生态智慧”主题，配以大量手绘图，对生态智慧在海珠湿地修复中的应用进行深入探讨与研究。全书共八章，主要内容包括城央湿地——城市中轴线上的自然秘境、湿地修复——传承岭南生态智慧、垛基果林——岭南湿地的魅力、基塘与河涌——岭南的生态智慧、柔性水岸——水岸修复的生命智慧、湿地生境——喧嚣生命的回归、湿地农业——岭南共生的智慧、收获的喜悦——湿地修复成效。书中重点针对独具特色的海珠垛基果林湿地修复，探索将传统生态智慧融入海珠湿地修复中，展示了融入岭南生态智慧的湿地生态系统修复创新生态工程。

本书可供生态学、风景园林学、湿地科学、环境科学与工程等领域的管理人员、专业技术人员和普通高等学校有关专业师生参考。

图书在版编目（CIP）数据

海珠湿地修复与生态智慧/蔡莹等著. —北京：科学出版社，2024.6
（湿地保护修复与可持续利用丛书）
ISBN 978-7-03-078602-9

Ⅰ. ①海…　Ⅱ. ①蔡…　Ⅲ. ①珠江三角洲-沼泽化地-生态恢复-研究
Ⅳ. ①P942.650.78

中国国家版本馆CIP数据核字（2024）第108507号

责任编辑：朱萍萍　姚培培 / 责任校对：韩　杨
责任印制：师艳茹 / 封面设计：有道文化

科学出版社出版
北京东黄城根北街16号
邮政编码：100717
http:// www.sciencep.com
北京中科印刷有限公司印刷
科学出版社发行　各地新华书店经销
*
2024年6月第　一　版　开本：720×1000　1/16
2024年6月第一次印刷　印张：10 1/2
字数：157 000
定价：78.00元
（如有印装质量问题，我社负责调换）

丛书编委会

丛书序

湿地是重要的生态系统，是流域生态屏障不可缺少的组成部分，具有重要的生态服务功能，如涵养水源、水资源供给、气候调节、环境净化、生物多样性保育、碳汇等。近年来，经济社会的高速发展给湿地生态系统带来了巨大压力和严峻挑战。随着人口急剧增加和经济快速发展，对湿地的不合理开发利用导致天然湿地日益减少，湿地的功能和效益日益下降；过量捕捞、狩猎、砍伐、采挖等对湿地生物资源的过量获取，造成湿地生物多样性衰退；盲目开垦导致湿地退化和面积减少；水资源过度利用，使得湿地蓄水、净水功能下降，顺应自然规律的天然水资源分配模式被打破；湿地长期承泄工农业废水、生活污水，导致湿地水质恶化，严重危及湿地生物生存环境；森林植被破坏，导致水土流失加剧，江河湖泊泥沙淤积，使湿地资源遭受破坏，生态功能严重受损；气候变化（尤其是极端灾害天气频发）给湿地生态系统带来了严重威胁。长期以来，一些地方对湿地资源重开发、轻保护，重索取、轻投入，使得湿地资源不堪重负，已经超出了湿地生态系统自身的承载能力。为加强湿地保护和修复，2016 年 11 月，《国务院办公厅关于印发湿地保护修复制度方案的通知》（国办发〔2016〕89 号）提出了全面保护湿地、推进退化湿地修复的新要求。

加强湿地保护修复和可持续利用是摆在我们面前的历史任务。对于如何保护、修复湿地，合理利用湿地资源，迫切需要湿地保护修复及可持续利用理论与实践应用方面的指导。针对湿地保护修复和可持续利用，长江上游湿地科学研究重庆市重点实验室和重庆大学湿地生态学博士点的专家团队组织编写了本丛书。丛书的编著者近年来一直从事湿地保护、修复与可持续利用的研究与应用实践，开展了系列创新性的研究和实践工作，取得了卓越成就。本丛书基于该团队近年来的研究与实践工作，从流域与区域相结合的层面，以三峡库区腹心区域的澎溪河流域为例，论述全域湿地保护与可持续利用；基于河流尺度，系统阐述具有季节性水位变化的澎溪河湿地自然保护区生物多样性；对受水位变化影响的工程型水库湿地——汉丰湖进行整体生态系统设计研究；从生物多样性形成和维持机制角度，阐述采煤塌陷区新生湿地生物多样性及其变化；在深入挖掘传统生态智慧的基础上，阐述湿地资源的可持续利用。

湿地是地球之肾，也是自然资产。对湿地认识的深入，有利于推动我们从单纯注重保护，走向保护-修复-利用有机结合。保护生命之源，为人类提供生命保障系统；修复自然之肾，为我们优化人居环境；利用自然资产，为人类社会的永久可持续做贡献。组织出版一套湿地领域的丛书是一项要求高、费力多的工程。希望本丛书的出版能够为全国湿地的保护、修复、利用和管理提供科学参考。

马广仁

2018年1月

前　言

海珠湿地位于广州市核心城区，是珠江三角洲河涌湿地、城市内湖湿地与半自然果林镶嵌交混的复合湿地生态系统（简称半自然果林-河涌-湖泊复合湿地生态系统）（袁兴中等，2021a），保存了丰富的岭南水果种质资源，以及独具特色的岭南水乡文化。海珠湿地的万亩①果园是发育于珠江三角洲河涌湿地基础上的海珠垛基果林湿地（简称垛基果林湿地），见证了三角洲河涌湿地的演变过程，融合了传统农耕智慧和生态智慧，形成了生态服务功能优化、形态结构优美的独特岭南湿地形态，是宝贵的岭南热带果林-湿地复合生态系统，是岭南生态智慧实践运用的结晶，是重要的农业文化遗产之一。

被誉为“出则繁华，入则自然”的海珠湿地，是广州市城市新中轴线上的城央湿地，是广州市的城市生态会客厅，是粤港澳大湾区的生态地标。因地处珠江三角洲和深受岭南农业文化的影响，这里发育出独具特色的垛基果林湿地，是南亚热带水果的“种质资源宝库”；因地处大都市城央区域，这里成为都市野生动植物的“生命乐园”“生物避难所”，是缓解城市热岛效应的气候“调节器”，是净化污染、调控雨洪的“都市海绵体”。海珠湿地具有生物多样性保育、气候调节、调洪防旱、净化水质等生态系统服务功能，孕育了以垛基果林湿地等为代表的优秀湿地文化，形成了岭南的宝贵精神遗产，人与湿地长期协同进化和长久互动的历史奠定了岭南湿地生态文明的基础。

全社会的湿地保护意识日益提高，人民群众对湿地绿意空间和优良生态产品的需求和愿望愈加强烈，湿地已经成为全社会关注的焦点。在新型城镇化持续推进和气候变化影响的双重压力下，海珠湿地生态系统需要我们倍加珍惜、倍加呵护和全面保护，需要凝聚更广泛的社会共识，汲取岭南生态智慧的营养，共同实现粤港澳大湾区的绿色发展目标。

---

① 1 亩≈666.67m^2。

本书以广州市海珠湿地为例，围绕“海珠湿地修复与生态智慧”主题，配以大量手绘图，对生态智慧在海珠湿地修复中的应用进行了深入探讨与研究。针对南亚热带季风气候下的大河三角洲城市湿地保护与可持续利用，书中立足湿地保护恢复与城市人居环境质量优化协同共生的需求，围绕珠江三角洲河涌湿地、城市内湖湿地与半自然果林镶嵌交混的复合湿地生态系统保护目标，探索了三角洲河涌湿地、城市内湖湿地与半自然果林镶嵌交混的复合湿地生态系统修复的关键技术。

全书由蔡莹统稿和审定；主体文字内容由袁兴中撰写；范存祥撰写了书中湿地生物多样性部分的内容，提供了湿地修复的相关技术支持；插图由林海波绘制，照片由袁兴中及其团队拍摄；梁锋、余飞军、郭燕华、林志斌、冯文杰、黎智祥参与了部分内容的编写工作。在本书编写和图件绘制过程中，广州市海珠区湿地保护管理办公室给予了大力支持和帮助，在此向他们致以衷心的感谢。

蔡　莹

2023 年 10 月

目　录

丛书序……i
前言……iii
第一章　城央湿地——城市中轴线上的自然秘境……1
第一节　自然环境概况……6
第二节　湿地资源分析……11
第三节　湿地生物多样性……16
第四节　湿地生态系统综合评估……21
第二章　湿地修复——传承岭南生态智慧……26
第一节　修复目标……26
第二节　修复策略……28
第三节　修复技术……29
第三章　垛基果林——岭南湿地的魅力……49
第一节　垛基果林湿地的形态及结构设计……49
第二节　垛基果林疏伐……54
第三节　垛间水道拓展及设计……55
第四节　果林植被结构优化设计……58
第五节　果林开敞空间恢复营建……59
第六节　果林区域河涌-渠系网络恢复……63
第七节　果林生境管理……65

第四章　基塘与河涌——岭南的生态智慧……68
第一节　基塘湿地修复……69
第二节　河涌水网湿地修复……74
第五章　柔性水岸——水岸修复的生命智慧……76
第一节　柔性湖岸修复……76
第二节　柔性河岸修复……78
第三节　柔性塘岸修复……82
第六章　湿地生境——喧嚣生命的回归……83
第一节　植物多样性恢复……83
第二节　鸟类生境修复……84
第三节　两栖类生境修复……95
第四节　鱼类生境修复……98
第五节　昆虫生境修复……99
第六节　小微湿地生境营建……102
第七章　湿地农业——岭南共生的智慧……111
第一节　都市稻田湿地恢复……111
第二节　岭南共生型湿地农业系统设计……115
第三节　海珠湿地特色的生态工法……132
第八章　收获的喜悦——湿地修复成效……145
第一节　生态环境效益……145
第二节　经济社会效益……150
主要参考文献……151

第一章　城央湿地
——城市中轴线上的自然秘境

海珠国家湿地公园地处珠江三角洲的入海口，水源补给主要来自与珠江连接的感潮河涌——石榴岗河。石榴岗河进入海珠湖后，经西碌涌和北濠涌流入珠江后航道。海珠国家湿地公园的建设对珠江三角洲地区的水文调节、水源涵养、水质净化、雨洪管控、生物多样性保护有不可替代的作用（黄慧诚和黄丹雯，2017），为广州城市经济社会发展提供了重要的生态安全保障，在维系珠江入海水系及粤港澳大湾区的水资源安全和促进经济社会可持续发展方面具有重要的战略意义。

海珠国家湿地公园是半自然果林、河涌、湖泊复合湿地生态系统（丛维军，2005），孕育了极其丰富的岭南热带、亚热带水果种质资源，以及独具特色的岭南水乡文化。湿地公园以半自然果林湿地、河口水域湿地、三角洲河涌湿地为主体，景观优美，形成了丰富的湿地自然景观和人文景观镶嵌互补的风景资源体系。作为地处珠江三角洲都市核心区域的半自然果林-河涌-湖泊复合湿地生态系统（图 1-1～图 1-3），海珠湿地资源丰富而独特，湿地景观优美（图 1-4）。海珠国家湿地公园的万亩果园是发育于珠三角河涌湿地基础上的半自然果林，见证了珠三角河涌湿地的演变过程，果林与河涌沟渠镶嵌交错，形成了独具特色的岭南水乡文化。在人类农业文明与湿地数百年的相互作用中，海珠湿地形成了独特的以垛基果林湿地为主的近自然复合湿地类型，代表了在人类历史文化影响下的岭南特色湿地生态系统。

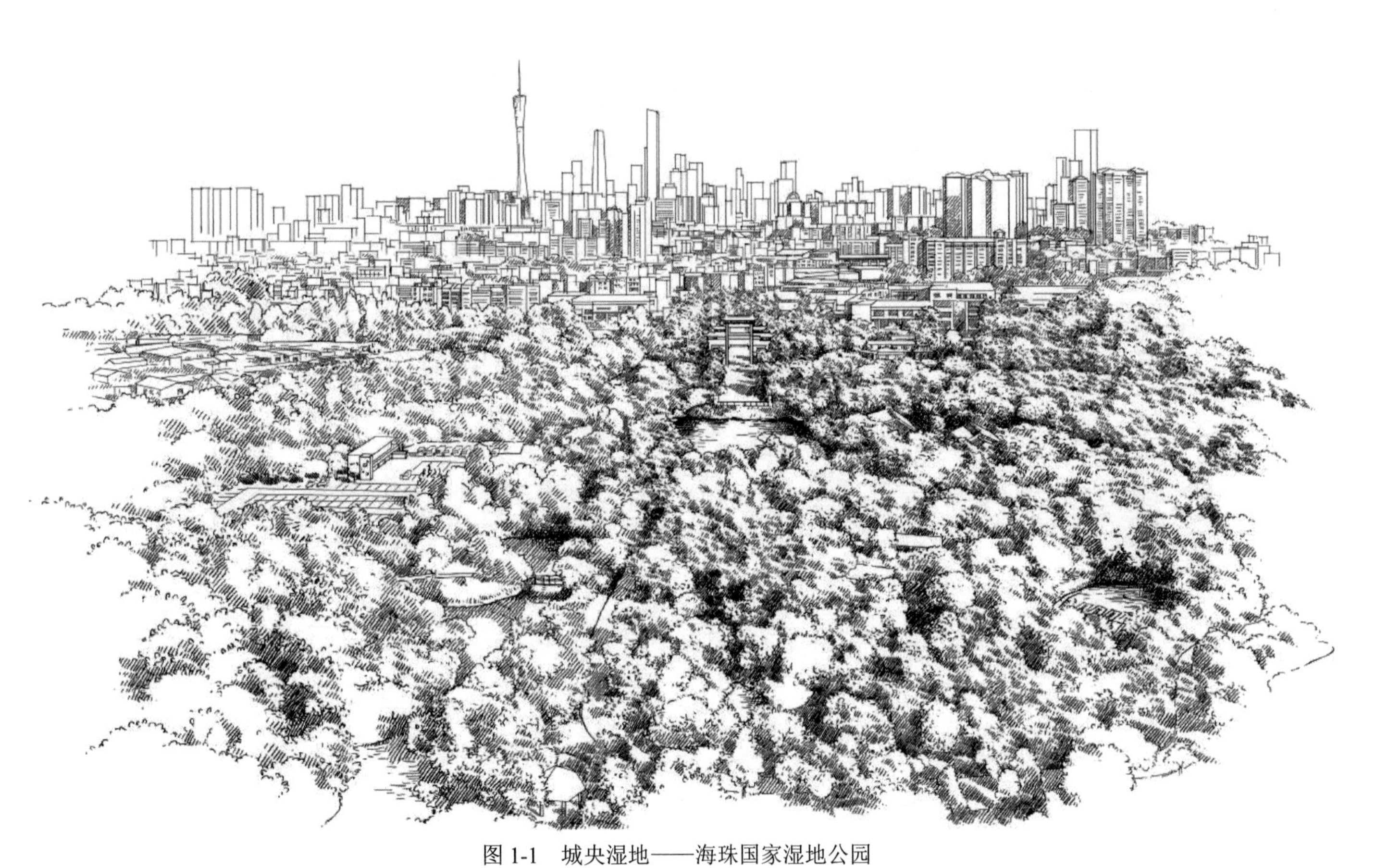

图1-1　城央湿地——海珠国家湿地公园

作为广州城市核心区域的大型城央湿地，海珠湿地是繁华都市中的一片自然秘境，与城市和谐共生

图 1-2　城央湿地——海珠湿地与城市交相辉映

海珠湿地与城市水乳交融，已成为广州市的“生命乐园”，生灵乐栖，人民乐居，游客乐游

图 1-3　城央湿地——海珠国家湿地公园内的海珠湖及河涌水道

海珠国家湿地公园是珠江三角洲河涌湿地、城市内湖湿地与半自然果林镶嵌交混的复合湿地生态系统，湿地资源独特，湿地景观优美

图 1-4　海珠国家湿地公园人文景观与自然景观有机协调

海珠国家湿地公园内水质清澈，各种乡土植物环水岸生长，木质栈道上的宣教牌为游客讲述着海珠湿地保护的故事

2012年，广东广州海珠国家湿地公园被批准为国家湿地公园建设试点；2015年，通过验收；2017年，获评“2016年中国人居环境范例奖”；2019年，荣获“生态中国湿地保护示范奖”；2021年，以海珠垛基果林湿地为主体的“广东海珠高畦深沟传统农业系统”入选第六批中国重要农业文化遗产；2022年，作为中国唯一代表，获评第12届迪拜国际可持续发展最佳范例奖全球十佳项目之一，城市更新和公共空间最佳范例类别第二名；2023年，被国际重要湿地公约秘书处批准列入《国际重要湿地名录》。十多年来，海珠区为保护独具岭南特色的湿地生态系统做出了巨大努力。广东广州海珠国家湿地公园湿地生态环境良好，生境质量优良，生物多样性丰富，湿地保护工作成效显著。自建立湿地公园以来，海珠湿地实施了保护基础设施建设和湿地修复，重点加强了垛基果林湿地、河涌湿地的保护，河涌水质恢复和鸟类生境修复等工作。湿地修复成效显著，取得的成效不仅是对湿地动植物的保护、对水质和鸟类生境的恢复，更为广州市提供了雨洪调控、水质净化、局地气候调节、热岛效应缓解、城市生物多样性保护等重要的生态服务功能（刘东煊，2019）。

作为南亚热带季风气候下的大河三角洲城市与湿地协同共生的典范、珠江三角洲湿地保护网络的重要组成部分、广州城市湿地生态网络的重要节点及城市中轴上的重要生态地标，海珠国家湿地公园被誉为“出则繁华，入则自然”的生态宝地，其建设具有重要的示范意义。围绕湿地如何让城市人民生活更幸福，为人民群众提供共享的优良绿意空间，走内涵式高质量发展之路，大力提升湿地生物多样性、优化湿地生态系统服务功能，海珠国家湿地公园正面临着发展的重大机遇。

第一节　自然环境概况

一、地理位置

海珠国家湿地公园位于广东省广州市海珠区东南部新中轴线南端最繁华

的地段、广州市核心城区最大的江心洲上，地理位置为113°18′40″～113°21′50″E、23°02′58″～23°04′53″N，是广州规模最大、保存最完整的生态绿洲，被誉为广州的“南肾”（图1-5）。

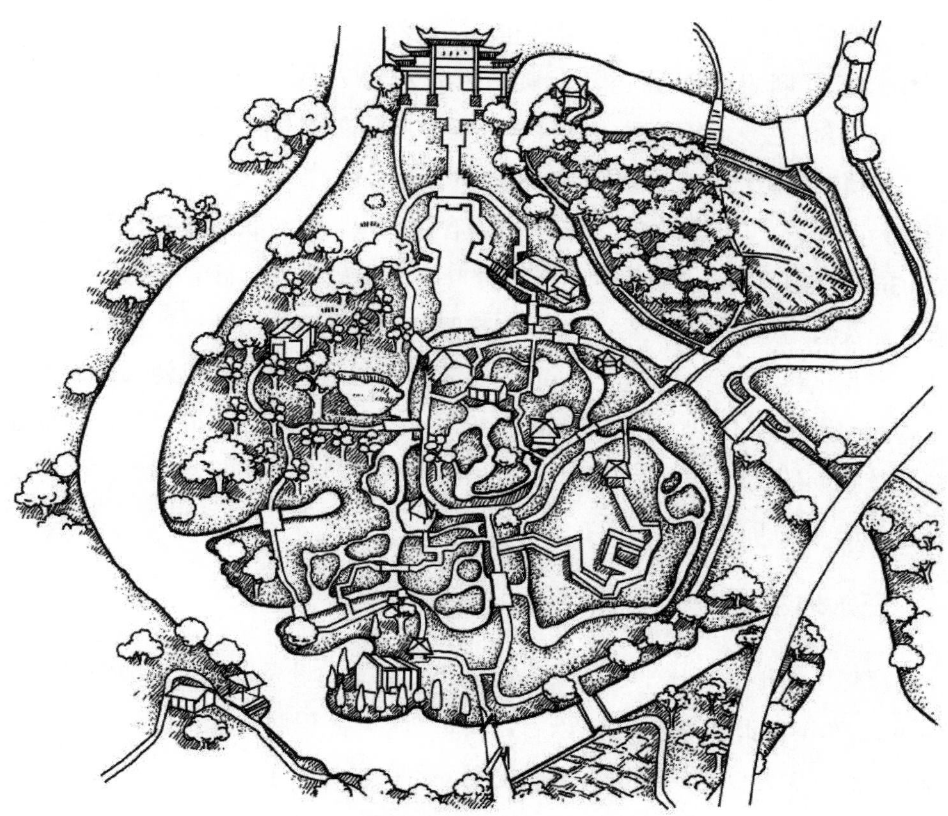

图1-5 海珠国家湿地公园被誉为广州的“南肾”

俯瞰海珠湿地的二期地块，河涌环绕，涌沟纵横交错，绿地斑块与湿地交混，绿蓝交织，粤式广府文化牌坊与景观栈道组成贯穿湿地的生态画廊

二、地质

广州市在构造单元上属于华南褶皱系粤北、粤东北-粤中拗陷带的粤中拗陷区。市内大面积分布花岗岩类岩石，西南部为沉积地层，南部为三角洲沉积及花岗岩类台地。它的地势东北高、西南低，背山面海，北部是森林集中的丘陵山区，最高峰为北部从化区与龙门县交界处的天堂顶，海拔1210m；

东北部为中低山地；中部是丘陵盆地，南部为沿海冲积平原。海珠国家湿地公园内主要发育有三组断裂构造，分别为北东向、北西向及东西向断裂，以北东向北山断裂，北西向陈边断裂、北亭断裂和东西向新洲断裂为代表。前第四纪地层主要为元古代云开岩群和白垩纪红层，元古代云开岩群主要岩性为片岩、片麻岩、石英岩、变质砂岩及粉砂岩等。早白垩世白鹤洞组（K_1bh）岩性主要为粉砂岩、细砂岩、粉砂质泥灰岩与灰质泥岩、泥灰岩互层，含薄层或团块状石膏，厚214.8～970.8m。晚白垩世三水组（$K_2s\hat{S}$）主要岩性为砂砾岩、砂岩、泥岩、石灰岩，含团块状、树枝状石膏等，厚82.5～680.3m。晚白垩世大塱山组（K_2dl）岩性主要由砂砾岩、砂岩、粉砂岩、泥岩、泥灰岩组成，厚69.3～517.1m。第四纪地层主要为全新世桂洲组，为海陆交互相沉积，厚度一般小于50m。湿地公园范围内岩浆岩以侵入岩为主，出露面积约0.5km^2。岩性由弱片麻状-片麻状细粒黑云母二长花岗岩、局部细粒（斑状）黑云母二长花岗岩组成，岩石呈灰白色，局部呈深灰色，同时发育有基性-酸性的各种类型的岩脉。

三、地貌

海珠区的地势总体平坦，全区地势北高南低，最高处的圣堂岗的海拔为54.3m，东南部海拔均在10m以下，其中2/3的面积属于珠江三角洲冲积平原，其余1/3为低丘、台地。平原主要分布在东部和东南部地区。海珠国家湿地公园处于海拔10m以下的东南部区域，可划分为两种地貌类型，即花岗岩台地和冲积平原。冲积平原区属于珠江三角洲平原的一部分，地势低平，由河流相、滨海相相互作用，冲积和淤积而成，局部分布剥蚀残丘；花岗岩台地散布在冲积平原中，大多由花岗岩和少量红色岩系组成。

四、气候

海珠区属南亚热带海洋性季风气候，光照充足、雨量充沛、年温差小、干湿季节明显。由于海珠区位于北回归线以南，故这里光热资源充足，年平均日照时数超过 1500h，年平均气温在 22.4℃，年内 7 月气温最高，平均为 28.7℃；1 月气温最低，为 13.8℃。由于受城市“热岛效应”影响，西北部人口稠密区比东南部果林区的气温要高。年平均降水量达 1780～1900mm，受季风气候影响，降水量季节变化明显，每年 4～9 月为雨季，集中了全年降水量的 80%以上，10 月至次年 3 月干燥、少雨，雨量一般少于年降水量的 20%。夏季多东南风，冬季多北风，年平均风速为 2.0m/s，年平均相对湿度达 75%，无霜期多于 340 天（周婷，2023）。

冬夏季风的交替是海珠湿地季风气候的突出特征。冬季受东北信风控制，偏北风因受极地大陆气团向南伸展而形成，天气较干燥和寒冷，有时会有寒潮、霜冻、冰冻等灾害；夏季分别受来自太平洋热带东南季风和印度洋西南季风的影响，偏南风因受南部两个洋面热带海洋气团向北扩张的影响，形成了高温、潮湿的多湿热气候特征，并伴随台风、暴雨、雷电、强对流等常见灾害天气。季风的转换时间在不同年份会有差别，夏季风转换为冬季风一般在每年 9 月，而冬季风转换为夏季风一般在每年 4 月。海珠湿地气象灾害主要是暴雨和寒冷灾害。

五、水文

海珠区四面环水，由西向东流淌的珠江前、后航道将其包围。珠江前航道从白鹅潭起直至黄埔港，总长为 23.2km；珠江后航道从白鹅潭往南，经洛溪大桥、官洲岛至黄埔港，总长为 27.8km（周婷，2023）。珠江前航道与后航道在落马洲分出的沥滘水道和三枝香水道在黄埔港附近汇合后折向东南，与东江北干流相汇后流入狮子洋，再经虎门入海。水系分为琶洲岛片、共和围片、石榴岗河南部片、石榴岗河北部片、北濠涌-石溪涌片及独立河涌片共 6 片，通过连通和梳理水系构成海珠区“六环七线”格局，构成了水系的整体骨架，形成了相互联系又相互独立的水网系统。全区主要河涌总计 62 条，总长 116.78km。其中一类河涌 18 条、二类河涌 13 条、三类河涌 31 条（周婷，2023）。全部为感潮河涌，且大多为断头涌，其中较大的河涌有石榴岗河、黄埔涌、赤沙涌、海珠涌、北濠涌、土华涌等。

海珠湿地的水源补给包括感潮河道潮汐水和大气降水。潮汐为不规则半日潮，年平均涨潮、落潮潮差均在 2.0m 以下，属弱潮河口。潮差年际变化不大，年内变化则较大。潮汐水主要由石榴岗河流入，在海珠湖停留后，经西碌涌和北濠涌流入珠江。在湿地内的潮汐水分配，主要由两端与石榴岗河连接的土华涌实现。全长 4.2km（周婷，2023）的土华涌河道连接着东头滘涌、西头涌、西江、芒滘围涌、新围涌和黄冲涌等 6 条河涌，在海珠湿地内通过独具岭南水乡特色的三角洲湿地网络进行水资源的进一步分配。大气降水也是湿地的重要水源补给，年降水量约为 1783.8mm，降水量冬春少、夏秋多，汛期（4～9 月）降水量占年总量的 80.6%（周婷，2023），其中又以 5 月、6 月降水量最集中，半自然果林-河涌-湖泊复合湿地生态系统在其中发挥着非常重要的雨洪调蓄作用。

六、土壤

海珠区地处广州市区南部，是广州市南出口，其土壤成土过程受广州市整体东北高西南低的地势、南亚热带季风气候、密布的河流及长期的人类开发利用等因素的综合作用。全区土壤分属水稻土和潮土 2 个土类，以及潴育型水稻土、潮土、湿潮土 3 个亚类。

海珠国家湿地公园内的土体按土层结构特征分类属多层结构，土层较复杂，以淤泥、淤泥质土、淤泥质砂为主，含贝壳、蚝壳、腐木，有少量可塑黏性土、稍密-中密砂土。海珠国家湿地公园的土壤为三角洲沉积土，属潮土类型的湿潮土亚类。湿潮土成土母质是珠江三角洲河流冲积物，具有乌黑油润的耕作层，蓄水、保水力强，肥力持久，耕性良好，以及水、肥、气协调等特征；湿潮土是长期栽培蔬菜高度熟化的农业土壤，经长期人工耕作，土壤熟化程度高。湿潮土涵盖海珠国家湿地公园全部范围。

第二节　湿地资源分析

一、湿地概念

就字面含义而言，湿地（wetland）是指被浅水层覆盖的低地，如沼泽地带。在一般人的概念中，湿地是长满水草、杂乱无章的潮湿区域或沼泽地。“wetland”由“wet”（潮湿的）+“land”（土地）构成，故湿地可简单地理解为多水之地、潮湿之地（崔保山和杨志峰，2006）。

最早关于湿地的定义之一且目前常常被湿地科学家和管理者引用的是由美国鱼类及野生动植物管理局于1956年在《39号通告》中提出的，即“湿地是指被浅水和有时为暂时性或间歇性积水所覆盖的低地”（Bridgewater and Kim，2021；Mitsch and Gosselink，2015）。美国鱼类及野生动植物管理局在1979年发表的《美国的湿地和深水生境分类》中提出了较为综合的湿地定义（Mitsch and Gosselink，2015；崔保山和杨志峰，2006），认为湿地是处在陆地生态系统和水生生态系统之间的过渡区，通常其地下水位达到或接近地表，或处于被浅水淹没状态。

湿地是处在陆地生态系统和水生生态系统之间的过渡区，是地球上的重要生态系统类型（陆健健等，2006；袁嘉和袁兴中，2022）。湿地具有重要的生态服务功能，如涵养水源、调节气候、净化水质、保护生物多样性、增加碳汇，以及科学和文化教育功能。

二、湿地类型

根据《广东海珠国家湿地公园总体规划（2013—2022）》，广东广州海珠国家湿地公园的总面积为869hm^2，湿地率为86.4%。其中，湖泊湿地有53.1hm^2，河口水域湿地有139hm^2，三角洲湿地有558.8hm^2。公园内河网纵横交错，水源补给来源于珠江水系潮汐涨落的水流，形成了纵横交错的河流、河涌网络和沟渠（图 1-6），湿地资源丰富，动植物种类众多。

图 1-6　海珠国家湿地公园内的河涌湿地

海珠国家湿地公园内河涌水系发达，大小级别不同的河涌形成了各具特色的线性湿地，镶嵌于万亩果林中

海珠湿地分为自然湿地和人工湿地两大类。自然湿地包括三角洲河涌湿地、滩涂湿地两种湿地型；人工湿地包括库塘湿地（主要是海珠湖）、输水渠、稻田三种湿地型。

三、垛基果林湿地

综合地理学、湿地学、生态学的相关知识，我们把海珠国家湿地公园红线范围内除河涌、库塘、稻田湿地之外的湿地区域，即涌沟-半自然果林所在的区域，命名为"岭南垛基果林湿地"（图 1-7）（袁兴中等，2021a；范存祥等，2022）。岭南垛基果林湿地与长江三角洲江浙一带的垛田相似。垛田是江苏一带水网地区独有的土地利用方式与农业景观（卢勇，2011；胡玫和林箐，2018）。当地人民在湖荡沼泽地带开挖网状深沟或小河的泥土堆积成

图 1-7　海珠国家湿地公园内的岭南垛基果林湿地

垛基果林湿地是岭南地区宝贵的农业文化遗产，每到丰收时节，荔枝等热带水果垂吊在河涌水面以上，原住民享受着这片湿地的馈赠

垛，垛上耕作，形成垛田。垛田地势较高、排水良好、土壤肥沃疏松，宜种各种旱作物，尤其适于种植瓜果蔬菜。兴化城东的垛田街道境内是垛田保存最好、最集中的地区，至今仍有数万亩垛田。江苏省中部地区里下河腹地的兴化垛田传统农业系统，于湖荡沼泽之中堆土成垛，垛上种田，既能抵御洪水又使地貌景观更为秀丽。垛田大者两三亩，小者几分、几厘[①]，垛与垛之间四面环水，各不相连，形同海上小岛的台状高地。垛田物产丰饶，别具特色，江苏省中部地区目前约有 6 万多亩垛田，分布在垛田街道、安丰镇、沙沟镇、千垛镇、林湖乡、李中镇、周奋乡、西郊镇等乡镇（陈阿江和刘竹香，2023）。作为我国湖荡沼泽地带独有的一种土地利用方式与农业景观，2013 年、2014 年兴化垛田先后被遴选为“中国重要农业文化遗产”和“全球重要农业文化遗产”（GIAHS）（闵庆文，2006；卢勇和高亮月，2015；卢勇和王思明，2013；Bai et al.，2014；Renard et al.，2012）。

垛上是“田”故名“垛田”，它是典型的“垛基农田”“垛基农田湿地”，是一种江南湿地农业形态；垛上是果林，名“垛基果林湿地”，是岭南湿地农业形态（袁兴中等，2021a）。几百年前，珠江三角洲的劳动人民在这片河网水系发达的三角洲区域，挖沟排水，堆泥成垛，在垛基上种植热带果树，这是应对三角洲低平区域洪涝灾害和充分利用水土资源的传统农业文化遗产。这种农事作业方式经长期演变，存留至今，形成了宝贵的“岭南垛基果林湿地”（图 1-8）（袁兴中等，2021a）。

海珠垛基果林湿地处在降雨充沛的南亚热带岭南低平地区，在珠江三角洲河涌水动力驱动条件下，融合原住民合理排水、灌水、利水、用水、调水的水智慧及岭南林-果-农-渔复合经营的生态智慧，在河网水系发达的三角洲区域，挖沟排水，堆泥成垛，垛基上种植热带果树，形成的应对三角洲低平区域洪涝灾害和充分利用水土资源的传统农业文化遗产，经长期演变，形成了海珠湿地内非常宝贵的“垛基果林湿地”——岭南重要农业文化遗产。

① 1 分 = 10 厘≈66.67m²。

图 1-8　海珠国家湿地公园内的岭南垛基果林湿地的水道

海珠国家湿地公园内原住民的生产生活与垛基果林湿地协同共生，湿地滋养着当地人民，给他们提供了丰厚的生态资产，他们享受着湿地提供的生态福祉。当地人民对海珠湿地的保护，使得这片生态宝地更加欣欣向荣

第三节 湿地生物多样性

一、植物多样性

海珠国家湿地公园地处南亚热带，水热条件优良，生物资源丰富。该湿地公园有高等维管植物148科835种（周婷，2023），其中广州地区土著植物60余种，主要有海南菜豆树（*Radermachera hainanensis*）、中国无忧花（*Saraca dives*）、人面子（*Dracontomelon duperreanum*）、腊肠树（*Cassia fistula*）、华南蒲桃（*Syzygium austrosinense*）、海南蒲桃（*Syzygium hainanense*）、大花紫薇（*Lagerstroemia speciosa*）、水石榕（*Elaeocarpus hainanensis*）、假苹婆（*Sterculia lanceolata*）等。

根据海珠湿地的现有植被类型，将植物生境分为湿地生境、园地生境及果园生境，不同生境的植物呈现出不同的生活型及生长状态。

（一）湿地生境植物

根据《广州海珠国家湿地公园科研监测“十三五”汇编》，海珠国家湿地公园共有湿地植物107种，占植物种类总数的12.81%，隶属36科72属。按照植物与水的关系，将湿地生境植物分为湿生植物与水生植物。而水生植物又分为挺水植物、浮叶植物、漂浮植物、沉水植物4种生活型。湿生植物共有41种，隶属20科23属，其中：乔木有12种，主要有水黄皮（*Pongamia pinnata*）等；灌木有老鼠簕（*Acanthus ilicifolius*）等4种；草本有25种。海珠湿地水生植物共有63种，隶属22科41属。其中，挺水植物48种28属17科，浮叶植物6种6属4科，漂浮植物6种6属6科，沉水植物3种3属3科，其中以禾本科（Gramineae）、莎草科（Cyperaceae）等为优势科。

公园内主要的水生植物包括：金鱼藻（*Ceratophyllum demersum*）、莲（*Nelumbo nucifera*）、睡莲（*Nymphaea tetragona*）、穗状狐尾藻（*Myriophyllum spicatum*）、轮叶狐尾藻（*Myriophyllum verticillatum*）、水马齿（*Callitriche stagnalis*）、虻眼（*Dopatricum junceum*）、水苦荬（*Veronica undulata*）、黄花狸藻（*Utricularia aurea*）、水虎尾（*Dysophylla stellata*）、水珍珠菜（*Pogostemon auricularius*）、无尾水筛（*Blyxa aubertii*）、有尾水筛（*Blyxa echinosperma*）、黑藻（*Hydrilla verticillata*）、冠果草（*Sagittaria guyanensis* subsp. *lappula*）、野慈姑（*Sagittaria trifolia*）、水蕹（*Aponogeton natans*）、菹草（*Potamogeton crispus*）、眼子菜（*Potamogeton distinctus*）、竹叶眼子菜（*Potamogeton malaianus*）、南方眼子菜（*Potamogeton octandrus*）、箭叶雨久花（*Monochoria hastata*）、鸭舌草（*Monochoria vaginalis*）、菖蒲（*Acorus calamus*）、浮萍（*Lemna minor*）、紫萍（*Spirodela polyrhiza*）、狭叶香蒲（*Typha angustifolia*）、田葱（*Philydrum lanuginosum*）、翅茎灯芯草（*Juncus alatus*）、灯芯草（*Juncus alatus*）、笄石菖（*Juncus prismatocarpus*）、荸荠（*Eleocharis dulcis*）、龙师草（*Eleocharis tetraquetra*）、水虱草（*Fimbristylis miliacea*）、萤蔺（*Scirpus juncoides*）、水葱（*Scirpus validus*）、稗（*Echinochloa crusgalli*）、芦苇（*Phragmites australis*）、卡开芦（*Phragmites karka*）、苹（*Marsilea quadrifolia*）等。

（二）园地生境植物

根据《广州海珠国家湿地公园科研监测“十三五”汇编》，海珠国家湿地公园属于园地生境的观赏植物共有362种，隶属99科258属，占植物总数的43.35%，其中以观花植物最多，有152种，占观赏植物的41.99%；观叶、观果、观形植物分别为123种、42种、45种，占比分别为33.98%、11.60%、12.43%。海珠国家湿地公园内的观花植物以紫薇（*Lagerstroemia indica*）、凤凰木（*Delonix regia*）、木棉（*Bombax ceiba*）、洋紫荆（*Bauhinia variegata*）、木芙蓉（*Hibiscus mutabilis*）等为代表。观果植物以杧果（*Mangifera indica*）、阳桃（*Averrhoa carambola*）、龙眼（*Dimocarpus longan*）等果树为主。观叶植物以天南星科（Araceae）、百合科（Liliaceae）、桑科（Moraceae）等最为丰富。观形植物有异叶南洋杉

（*Araucaria heterophylla*）、旅人蕉（*Ravenala madagascariensis*）、佛肚竹（*Bambusa ventricosa*）等。

（三）果园生境植物

根据《广州海珠国家湿地公园科研监测“十三五”汇编》，海珠国家湿地公园原为万亩果园，果园生境植物有57种，其中包括荔枝（*Litchi chinensis*）、龙眼等具有明显的岭南特色的果树树种。果林下草本植物以华南毛蕨（*Cyclosorus parasiticus*）、华南鳞盖蕨（*Microlepia hancei*）、黄鹌菜（*Youngia japonica*）等为主。

海珠国家湿地公园内热带、亚热带水果资源丰富，公园内的万亩果园是重要的热带、亚热带果树种质资源库（路侠丽等，2022）。其中种植面积较大的果树树种为荔枝、龙眼、阳桃、黄皮四大果树种类。每种果树也都拥有众多品种。四大果树均为岭南水果的代表，拥有极为丰富的种质资源。湿地公园内的荔枝细分品种有糯米糍、淮枝、桂味、妃子笑、挂绿等，其中以糯米糍和淮枝等品种为主。湿地公园内的龙眼细分品种有石硖、储良、乌圆等，其中以石硖等品种为主。此外香蕉、杧果、番石榴、木瓜等热带水果亦有众多优良品种。这里集中展现了广州乃至整个岭南的水果种质资源，因此万亩果园拥有非常丰富的岭南水果资源，堪称“岭南水果基因库”。

在海珠国家湿地公园迁地保护的国家保护植物中，国家Ⅰ级保护植物有苏铁（*Cycas revoluta*）和水松（*Glyptostrobus pensilis*）2种，国家Ⅱ级保护植物有降香黄檀（*Dalbergia odorifera*）、紫檀（*Pterocarpus indicus*）、土沉香（*Aquilaria sinensis*）、美冠兰（*Eulophia graminea*）4种。

二、动物多样性

海珠国家湿地公园范围内高等脊椎动物有298种，包括哺乳类4科10种、鸟类55科194种、爬行类11科22种、两栖类5科8种、鱼类26科64种。

在海珠湿地调查监测到的鱼类有64种，大部分为土著鱼类。其中，中国特有物种16种，长体小鳔鮈（*Microphysogobio elongata*）为珠江水系特有，白肌银鱼（*Leucosoma chinensis*）主要分布在珠江水系。这些鱼类生命周期的各个阶段、种间或种群间的相互作用关系典型地体现了珠江三角洲湿地的特色，如白肌银鱼是江海洄游型鱼类，平时生活在近海，夏季至冬初生殖期溯河至咸淡水或淡水区繁殖，喜栖于水体中上层，以浮游动物为食，亦吃小虾及幼鱼；白肌银鱼生活史的各阶段充分反映了咸淡水交混的南亚热带大河三角洲的湿地特色，具有较强的区域代表性。这些鱼类作为三角洲湿地食物网的重要环节，其生活史的各个阶段，与浮游生物、底栖动物、水鸟有着密切的营养联系及功能关联，对维持三角洲湿地生物多样性具有重要的作用。

根据《广州海珠国家湿地公园科研监测“十三五”汇编》，在海珠湿地的194种鸟类中，有夏候鸟20种、冬候鸟85种、留鸟79种、旅鸟10种。其中国家Ⅰ级重点保护鸟类有1种[黄胸鹀（*Emberiza aureola*）]，国家Ⅱ级重点保护鸟类29种[鸳鸯（*Aix galericulata*）、黑鸢（*Milvus migrans*）、赤腹鹰（*Accipiter soloensis*）、黑翅鸢（*Elanus caeruleus*）、凤头鹰（*Accipiter trivirgatus*）、普通鵟（*Buteo japonicus*）、松雀鹰（*Accipiter virgatus*）、雀鹰（*Accipiter nisus*）、红隼（*Falco tinnunculus*）、游隼（*Falco peregrinus*）、褐翅鸦鹃（*Centropus sinensis*）、小鸦鹃（*Centropus bengalensis*）、雕鸮（*Bubo bubo*）、领鸺鹠（*Glaucidium brodiei*）、斑头鸺鹠（*Glaucidium cuculoides*）、黑冠鹃隼（*Aviceda leuphotes*）等]，列入《广东省重点保护陆生野生动物名录》的鸟类有29种[苍鹭（*Ardea cinerea*）、草鹭（*Ardea purpurea*）、小白鹭（*Egretta garzetta*）、大白鹭（*Ardea alba*）、牛背鹭（*Bubulcus ibis*）、绿鹭（*Butorides striata*）、池鹭（*Ardeola bacchus*）、夜鹭（*Nycticorax nycticorax*）、黄斑苇鳽（*Ixobrychus sinensis*）、栗苇鳽（*Ixobrychus cinnamomeus*）、大麻鳽（*Botaurus stellaris*）、鸿雁（*Anser cygnoides*）、黑水鸡（*Gallinula chloropus*）、黑翅长脚鹬（*Himantopus himantopus*）、中杓鹬（*Numenius phaeopus*）、海鸥（*Larus canus*）、银鸥（*Larus argentatus*）、红嘴

鸥（*Larus ridibundus*）、灰翅浮鸥（*Chlidonias hybrida*）、红嘴相思鸟（*Leiothrix lutea*）、黑尾蜡嘴雀（*Eophona migratoria*）等]，属于“三有动物”的鸟类（即《国家保护的有重要生态、科学、社会价值的陆生野生动物名录》）有145种。

根据《广州海珠国家湿地公园科研监测“十三五”汇编》，海珠国家湿地公园有昆虫157科738种。列入“三有动物”的有3种[丽叩甲（*Campsosternus auratus*）、东方蜜蜂中华亚种（*Apis cerana cerana*）、双齿多刺蚁（*Polyrhachis dives*）]。蝴蝶作为湿地生态系统的重要组成部分，是海珠湿地昆虫种类较大的类群，在生态系统中具有重要的作用，在海珠国家湿地公园内蝴蝶有89种。海珠国家湿地公园有底栖动物24科67种。此外，近两年湿地公园发现了两个昆虫新物种，分别是海珠斯萤叶甲[*Sphenoraia*（*Sphenoraioides*）*haizhuensis* sp. nov.]，隶属于昆虫纲、鞘翅目、叶甲科、萤叶甲亚科、斯萤叶甲属；海珠珐轴甲（*Falsonnanocerus haizhuensis*），隶属于昆虫纲、鞘翅目、拟步甲科、窄甲亚科、轴甲族。

三、珍稀濒危保护动植物及受胁的群落

在海珠湿地内监测到7种列入世界自然保护联盟（International Union for Conservation of Nature，IUCN）红色名录中的易危（vulnerable，VU）、濒危（endangered，EN）或极危（critically endangered，CR）的物种，其中有极危物种3种[黄胸鹀、中华花龟（*Ocadia sinensis*）、平胸龟（*Platysternon megacephalum*）]、易危物种4种[中华鳖（*Pelodiscus sinensis*）、舟山眼镜蛇（*Naja atra*）、土沉香、降香黄檀（*Dalbergia odorifera*）等]。上述易危、濒危或极危的物种是海珠湿地生物多样性极其重要的组成部分，记录了海珠湿地所在的珠江三角洲区域的生态演变的自然历史信息。

在海珠湿地分布的半自然果林中，仑头尚书怀荔枝群落、土华石峡龙眼群落、鸡心黄皮群落、红肉阳桃群落、大塘番石榴群落、仑头柳橙群落、木瓜群落、新滘五秀（莲藕、荸荠、菱角、慈姑、茭白）群落等是由珍稀地方

品种构成的生态群落，是受到威胁的南亚热带水果地方种质资源，这些受胁的生态群落是中国华南地区宝贵的农业生态群落及农业遗传资源。

第四节　湿地生态系统综合评估

一、湿地生态系统特征

海珠国家湿地公园中的万亩果园是发育于珠江三角洲河涌湿地基础上的半自然果林，见证了珠江三角洲河涌湿地的演变过程，与湿地呈水乳交融的关系。

海珠国家湿地公园地处广州市区南部的海珠区，位于富饶的珠江三角洲中部的江心洲上，邻近入海口，属典型的海洋性气候，降水量大，水网发达，湿地资源丰富，是由江心洲城市内湖、河涌、涌沟-半自然果林镶嵌交错构成的复合湿地生态系统（图 1-9），是珠江三角洲既特殊又典型的江心洲湖泊、河涌水网湿地生态系统，孕育了极其丰富的三角洲河口水域湿地生物多样性，以及独具特色的岭南水乡文化。湿地生态系统具有典型性和独特性。

海珠国家湿地公园位于珠江前、后航道所包围的江心洲内，拥有绵延数十千米的江、河、湖岸线，水系资源丰富，水量充沛。内部有密布的河涌，且河涌等级区分明显。水源和水位受潮汐影响，通过水闸控制，湿地公园内部水体引水自与珠江相连的石榴岗河，排水至南部珠江后航道，内部水体平均 1～2 天置换一次，这使得在广州大都市的城央区域保存了这一独特的城市内湖、河涌、涌沟-半自然果林镶嵌交错构成的大型湿地。这种复合生态系统在防洪蓄涝、调节水位、涵养地表水、维系珠江水文平衡和生态安全，以及保育生物多样性等方面，发挥着独特和不可替代的作用。

图 1-9 涌沟-半自然果林镶嵌交错构成的复合湿地生态系统

海珠国家湿地公园内河涌沟渠与垛基果林交织，垛基（基）、果林（果）、河涌水体（水）、水岸（岸）、生物（生）形成了“五素同构”的整体湿地生态系统

二、海珠垛基果林湿地综合评估

（一）“五素同构”的生态特征

海珠垛基果林湿地由垛基（基）、果林（果）、河涌水体（水）、水岸（岸）、生物（生）五大要素组成，各要素相互联系，构成了“不可分割的结构和功能”的整体湿地生态系统。

1. 基

海珠国家湿地公园范围内形态各异的垛基是岭南农林业生产的重要基础，也是湿地生态系统的基底。

2. 果

海珠垛基果林区域中以荔枝、龙眼、黄皮、阳桃等为主的古果树群，是珍贵的热带、亚热带水果种质资源。

3. 水

海珠国家湿地公园内环绕垛基四周的河涌、沟渠是流动的活水。

4. 岸

水岸包括每个垛基边缘与水的交错界面（即基岸），河涌、沟渠的水岸，海珠湖的湖岸。这些水岸是柔性生态界面，多以生物柔性水岸为主。

5. 生

生物作为垛基果林生态系统最为重要的组分，既包括垛基果林生态系统中丰富的生物多样性[垛基上多样的维管植物，河涌、沟渠中的水生生物，垛基果林生态系统中各种各样的脊椎动物（两栖类、爬行类、鸟类、哺乳类等）、无脊椎动物（蝴蝶、蜻蜓等昆虫）]，也包括了与果林湿地协同共生的原住民（图 1-10）。

（二）“五秀同辉”的协同共生

海珠垛基果林湿地以“岭南五秀”（莲藕、荸荠、菱角、茭白、慈姑）为核心，融合了传统农耕智慧和生态智慧，形成了极其多样化的岭南共生型湿地农业。这就是海珠的生态智慧，是一种集农耕智慧、生态智慧与人文智慧于一体的三角洲河涌区域湿地生态智慧体系——海珠湿地生态智慧。

图 1-10　海珠国家湿地公园内的岭南垛基果林湿地的要素

从图中可见，垛基上种植着以荔枝为主的古果树群，荔枝树的果枝垂吊于河涌水岸之上，环绕垛基四周的河涌流动着活水

（三）农耕智慧、生态智慧与人文智慧的完美结合

海珠垛基果林湿地是岭南热带果林-湿地复合生态系统，是重要的农业文化遗产之一，为世界认识、了解中国岭南传统湿地农业文化遗产提供了平台，向世界展示了中国南亚热带湿地农耕文化，是粤港澳大湾区的生态名片。

三、海珠垛基果林湿地退化状况

改革开放以后，珠江三角洲的经济迅猛发展，海珠垛基果林区域原有的垛基果林被弃置抛荒，在无人管护的情况下形成了半自然生态系统；尽管大面积垛基果林得到保留，但是由于泥沙淤积、水质污染，系统内涌壕沟渠被填埋、淤堵，甚至部分消失，现存涌沟内水质较差，原有不同级别大小的疏排水沟渠与果林形成的完整生态网络结构遭到破坏，功能退化。海珠垛基果林区域群落类型、结构层次单一（图 1-11），生物多样性较为贫乏，生态服务功能低下。

图 1-11　海珠国家湿地公园内的垛基果林湿地退化状况

海珠国家湿地公园的垛基果林区实施生态修复前，泥沙淤积，沟渠填埋，植物群落退化，生物多样性衰退

第二章　湿地修复
——传承岭南生态智慧

党的十九大报告提出了生态文明建设千年大计，要为人民群众提供更优质的生态产品。如何让海珠湿地为广州市人民提供更加优质的生态产品（曾贤刚，2020），是海珠国家湿地公园面临的重大生态挑战。2016 年 12 月，国务院发布《湿地保护修复制度方案》，为海珠湿地保护修复指明了方向。2017 年 5 月，中国国家湿地公园创先联盟成立，这是在中国湿地保护历史上具有里程碑式意义的事件。海珠国家湿地公园作为创先联盟的发起者，迎来了空前的发展机遇，也对海珠湿地保护修复与可持续利用提出了更高的要求。以生态文明为指引，落实党的十九大报告提出的“既要创造更多物质财富和精神财富以满足人民日益增长的美好生活需要，也要提供更多优质生态产品以满足人民日益增长的优美生态环境需要”（郇庆治，2021）的精神，确立“生态为本”的湿地修复之路。以生态系统整体设计为根本，以岭南特色湿地建设为平台，以现代生态工程技术为支撑，以垛基果林湿地修复、基塘湿地系统修复、河涌水网湿地修复、生物多样性恢复提升为重点，以理念创新、技术创新为动力，建立政府主导、市场推进、公众参与的海珠湿地修复长效机制。

第一节　修 复 目 标

一、总体目标

海珠国家湿地公园对垛基果林只征不转的管理模式，符合生态文明建设大方向。只征不转意味着不能改变土地的农用性质，但这里是大都市核心区域的重要生态空间，生产功能已退居次要地位，对其生态服务功能的需求成为管理的主要需求（谢慧莹和郭程轩，2018），如何让海珠垛基果林湿地提供更优质的生态产品？海珠国家湿地公园只征不转的国土空间所面临的生态服务功能需求与果林种植传统农业的冲突与困境的解决之道，就是国土空间多功能需求的实现路径。海珠国家湿地公园只征不转的国土空间多功能需求包括：丰富提升生物多样性，净化空气和水质，改善局地气候，涵养水源和保持水土，优化美化景观，提供生物产品（如水果等）。如何实现海珠国家湿地公园只征不转的国土空间多功能需求目标，如何极大地提升生物多样性、优化生态系统服务功能（Mitsch et al.，2008）？岭南传统农业文化遗产——垛基果林湿地需要实现蝶变，也面临着重生的机遇。

垛基果林湿地的修复以提供更多优质生态产品为根本，围绕海珠垛基果林湿地多功能需求目标，探索岭南农业文化遗产——垛基果林湿地保护与修复的关键技术，将传统生态智慧融入湿地保护与修复之中，优化海珠垛基果林湿地生态系统结构和功能，丰富和提升生物多样性，以垛基果林改造修复、河涌水网湿地恢复为重点，进行海珠垛基果林湿地生态系统整体设计，使海珠垛基果林湿地呈现出生命智慧、生态智慧、人文智慧交融的海珠生态智慧魅力。

二、具体目标

（1）建成海珠生命乐园，使海珠国家湿地公园成为城市野生生物的集聚地，极大地提升和丰富城市生物多样性。

（2）建成海珠生态乐园，使海珠国家湿地公园成为中国最美城央生态乐园、粤港澳大湾区生态地标、广州城市生态会客厅，全面优化海珠湿地生态服务功能，提供多样化的优质生态产品，使生灵乐栖、人民乐居、游客乐游。

（3）建成海珠智慧乐园，围绕岭南重要农业文化遗产——岭南垛基果林湿地的保护修复，使海珠国家湿地公园呈现生命智慧、生态智慧、人文智慧交融的海珠湿地生态智慧魅力。

第二节 修 复 策 略

一、自然设计策略

基于自然的解决方案（罗明等，2020；Sobrevila et al.，2008；Bauduceau et al.，2015），遵循海珠垛基果林湿地生态系统的自然条件，使用自然系统来提供优化的生态服务，强调自然的自我设计功能，遵循“自然是母，时间为父”的原则，充分发挥潮汐水动力、风力、生物传播者等自然之力的作用，以自然的自我设计为主、人工调控为辅，达到湿地修复及湿地修复后的长期自我维持的目的。

二、柔性设计策略

岭南湿地是柔美的，因此其湿地修复手法不能是刚性、生硬的。柔性设计是为应对多变环境的多功能需求提出的一种适应性设计技术。它以湿地之柔美改善刚性城市的缺陷，应对多变环境的多功能需求。柔性设计强调材料的就地取材，强调遵循生态系统完整性设计，强调人与自然的和谐共生。这种适应性设计正是海珠湿地修复所需要的，技术体系的组成包括：①柔性景观空间构建，以师法自然的手段，建设具有蜿蜒多变、多景观层次、多生态序列的湿地景观；②柔性景观材料运用，强调材料的就地取材，强调木质物残体及植物材料的运用，强调生态友好型材料的运用；③应对环境变化的动态景观技术运用，尤其是在全球变化背景下，为应对灾害性天气频发对湿地的不利影响（如连续干旱，或频发的洪涝灾害），设计适应性湿地景观结构；④设计多功能湿地景观体系，以满足生态需求和景观需求。

三、生态智慧策略

岭南湿地的发育是在自然环境变化的背景下，原住民的生产、生活活动与湿地的自然变化过程紧密关联，人不仅享受着湿地所提供的生态服务，更以智慧的行动主动介入对湿地的设计和可持续利用，产生了众多与湿地相关联、光芒照耀后世的生态智慧（袁兴中，2014），如桑基鱼塘、垛基果林湿地等。海珠湿地修复，就是要挖掘千百年来岭南人民的生态智慧，传承珠江三角洲传统农耕时代流传下来的文化遗产，如桑基鱼塘（钟功甫，1980；郭盛晖和司徒尚纪，2010）、果基鱼塘、蔗基鱼塘、基围系统（刘泰山和姜晓丹，2021）等，借鉴这些农业文化遗产中的生态智慧，融入海珠的湿地修复与可持续利用，融合最先进的生态工程技术、湿地科学技术，创建独具特色的“海珠湿地生态智慧体系”。

第三节　修 复 技 术

一、修复技术框架

基于生态系统整体设计原理，本书作者提出了“基、果、水、岸、生”“五素同构”的垛基果林湿地生态系统设计的概念框架（图 2-1）。

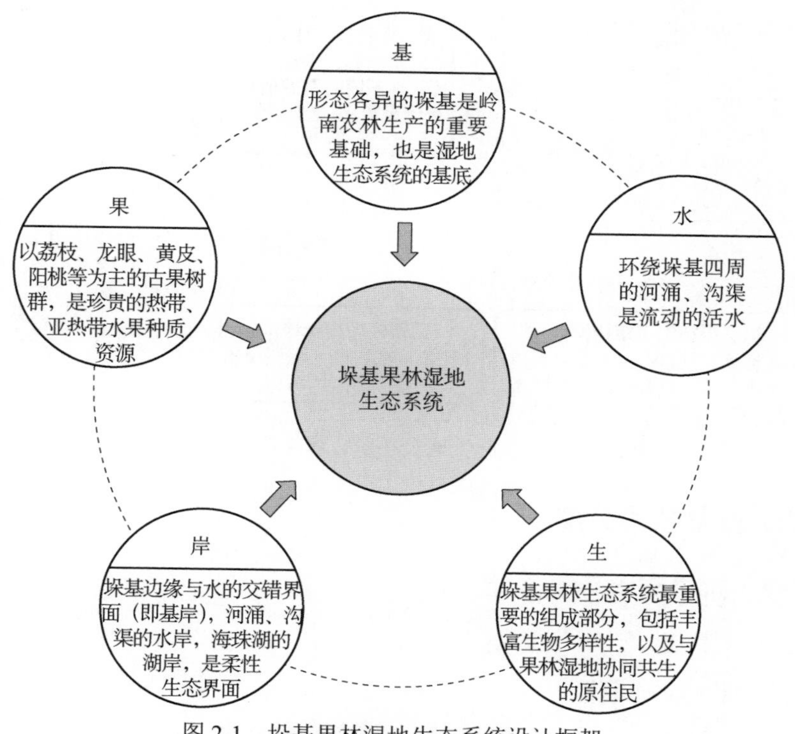

图 2-1　垛基果林湿地生态系统设计框架

基于自然的解决方案，针对生态系统完整性和生物多样性保育的主要目标，根据海珠垛基果林湿地的资源禀赋和环境条件，本书提出了垛基果林湿地生态系统修复设计技术框架（图 2-2）。该框架遵循从环境要素设计、生物要素设计到生态结构设计的修复路径，将环境要素、生物要素与生态结构有机协同，最终实现垛基果林湿地要素、结构设计与功能设计的协同。

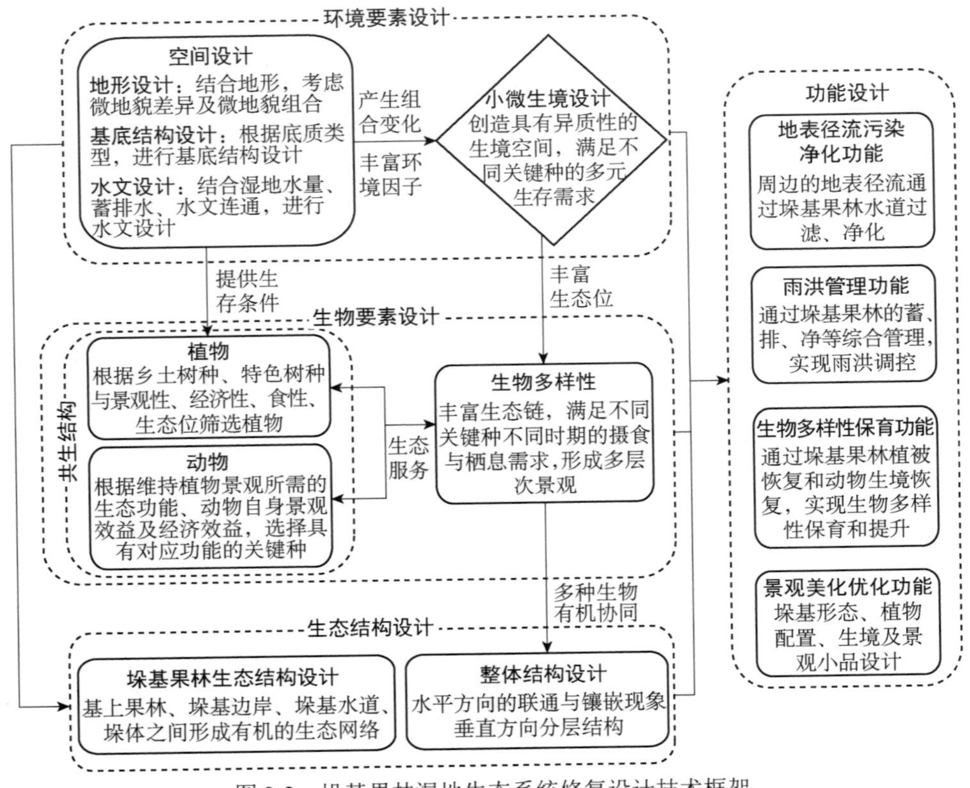

图 2-2　垛基果林湿地生态系统修复设计技术框架

二、修复技术分类

（一）水文与水环境修复

1. 水文恢复

1）恢复水文连通性

由于长期淤积，部分河涌及果林内部沟渠淤塞，水文连通性降低。生态清淤措施的实施，打通了海珠国家湿地公园内部分地块与主河涌及珠江后航道的水文联系。水文连通和生态清淤则通过拓宽水道，挖除淤积物，将断头水路打通。这一恢复工作结合垛基果林湿地修复的垛间水道扩宽进行。

2）恢复潮汐水文及水动力

海珠国家湿地公园位于广州市中南部珠江三角洲河网区，区内河涌纵横，分布密集，有石榴岗河、海珠涌、北濠涌、土华涌等较大的河涌，其外围的珠江前、后航道属径流、潮流共同作用的河段；洪水季节以径流为主，枯水季节以潮流为主。各河涌出口均有水闸控制，内涌水位受水闸调控。受到潮汐影响，河涌为双向流，容易造成回流和淤积，进而使得正常的潮汐过程遭到破坏，河涌污染严重，水质恶化。

海珠湿地潮汐类型属于典型的非正规半日潮，每日有两个高潮位和两个低潮位，高、低潮间隔约 6h。涨潮时打开石榴岗河、土华涌、塘涌水闸，珠江水进入石榴岗河、土华涌等河涌及海珠湖，退潮时关闭上述水闸。对于北濠涌水闸和黄涌水闸，则是在涨潮时关闭，退潮时打开。通过科学调度，石榴岗河、深垄、塘涌等水利设施，将丰沛的潮汐水由石榴岗河引入湿地（图 2-3），然后自东向西逐渐流入海珠湖、黄埔涌、土华涌等主干河涌，进而流入海珠湿地核心区域，经过湿地净化后最终汇入珠江后航道。海珠湖与石榴岗河、西碌涌、杨湾涌、上冲涌、大塘涌、大围涌 6 条河涌的水调度同步进行，主要河涌的大量支沟、渠系上的水桓同步运行，由此形成了海珠湖“一湖六脉”的湖-涌活水体系。

3）调控水位

水位深浅及具有动态变化的水位是湿地发育的重要因子。海珠国家湿地公园主要实施了两个方面的水位调控。

（1）河涌、沟渠间的水位调控：在各级河涌及各级沟渠之间，通过恢复具有自动调控水位功能的水桓，进行水位的自动调控。

（2）湿地塘的水位调控：根据海珠国家湿地公园内各种湿地塘（包括各种基塘系统的水塘等）的水位要求，通过自动溢流水控结构进行水位调控，以满足湿地塘内合理生态用水、动植物生长及水鸟栖息等要求。

图 2-3　河涌与湿地的水文连通

在河流-湿地复合体理论指导下，开展海珠湿地恢复中的河涌与湿地的水文连通，将河涌沟渠系统与垛基果林湿地进行水文连通，通过自动水位调控装置——水柜的调控，实现水动力的调节作用，这是海珠河涌湿地生态智慧的运用

2. 水环境修复

1）实施海珠湿地水体生物-生态联合修复工程

对目前海珠国家湿地公园内部分水质较差的水体，采用了生物-生态修复联合技术，通过重建完整的水生态系统，完成水质净化，恢复水体自净功能。通过种植苦草等沉水植物，投放枝角类、桡足类等浮游动物，放养白鲢和鳙等滤食性鱼类，构成完整的水生生态系统；通过引入虫控藻、鱼食虫、草净水等，形成完整的食物网。这样可以发挥枝角类和桡足类等浮游动物的控藻作用，以及沉水植物释放氧气和吸收营养物质的双重作用，综合改善了海珠国家湿地公园的河涌及塘库水质，恢复了水体的自我净化能力。

2）恢复潮汐动力，保障河涌网络水文交换，改善水质

海珠国家湿地公园内的水域属于感潮区，规划利用潮汐水动力进行调水，涨潮引水，落潮排水，修复正常的潮汐动力过程，通过“以动治静、以净释污、以丰补枯”的引清调水工程，可以改善海珠国家湿地公园水环境。

根据潮汐特征，改变湿地公园内河涌水体流态，变往复流为整体单向流，改善了河涌水质，提高了河涌水体自净能力；通过水闸、泵站、水桓等水利设施的联合调控，利用涨潮引外江水入内河涌，通过河涌水动力的作用将内河涌水体排出，进行水体置换，起到改善河涌水质的作用；潮汐水动力的引清调水工程的实施，使海珠国家湿地公园内部的河涌网络水文交换得到保障，改善了水质。

（二）基底结构与地形修复

海珠国家湿地公园的基底结构修复主要包括基底地形修复与改造。在湿地修复工程中，适宜的地形处理有利于控制水流和营造生物适宜栖息生境，达到改善湿地环境的目的。通过挖深与堆高的方法，可以营造出凹凸不平、错落有致的湿地地形。我们必须以修复目标为前提，在修复区域内创造出丰富的湿地地貌类型或高低起伏的地形形态，通过地形修复使地形不规则化和具有起伏。具有不规则形状和边缘的湿地更接近自然形态，拥有更大的表面来吸收地表径流中的营养物质，并且包含了形态更多样的空间和孔穴来为水生生物提供栖息和庇护场所。

1. 营造海珠湿地修复区地形基本骨架

微地形的营造和恢复，确立了海珠湿地修复区地形基本骨架，营造了湿地岸带、浅滩、深水区、浅水区，以及促进水体流动的地形、开敞水域分布区等地形（图 2-4），增加了水力连通性，提高了水体中物质的迁移转换速率，恢复了海珠湿地植被及生物多样性。

2. 营造缓坡岸带

针对海珠湖、石榴岗河、土华涌等河涌湿地类型，可通过对水岸地形的适度改造，营造缓坡岸带，可为湿地植物着生提供基底，形成水陆间的生态缓冲带，发挥净化、拦截、过滤等生态系统服务功能。根据岸线发育系数修复岸带，确定地形修复工程的空间位置，对较陡的坡岸进行削平处理，削低高地，平整岸坡，去直取弯，进行缓坡岸带的地形修复（图 2-5）。

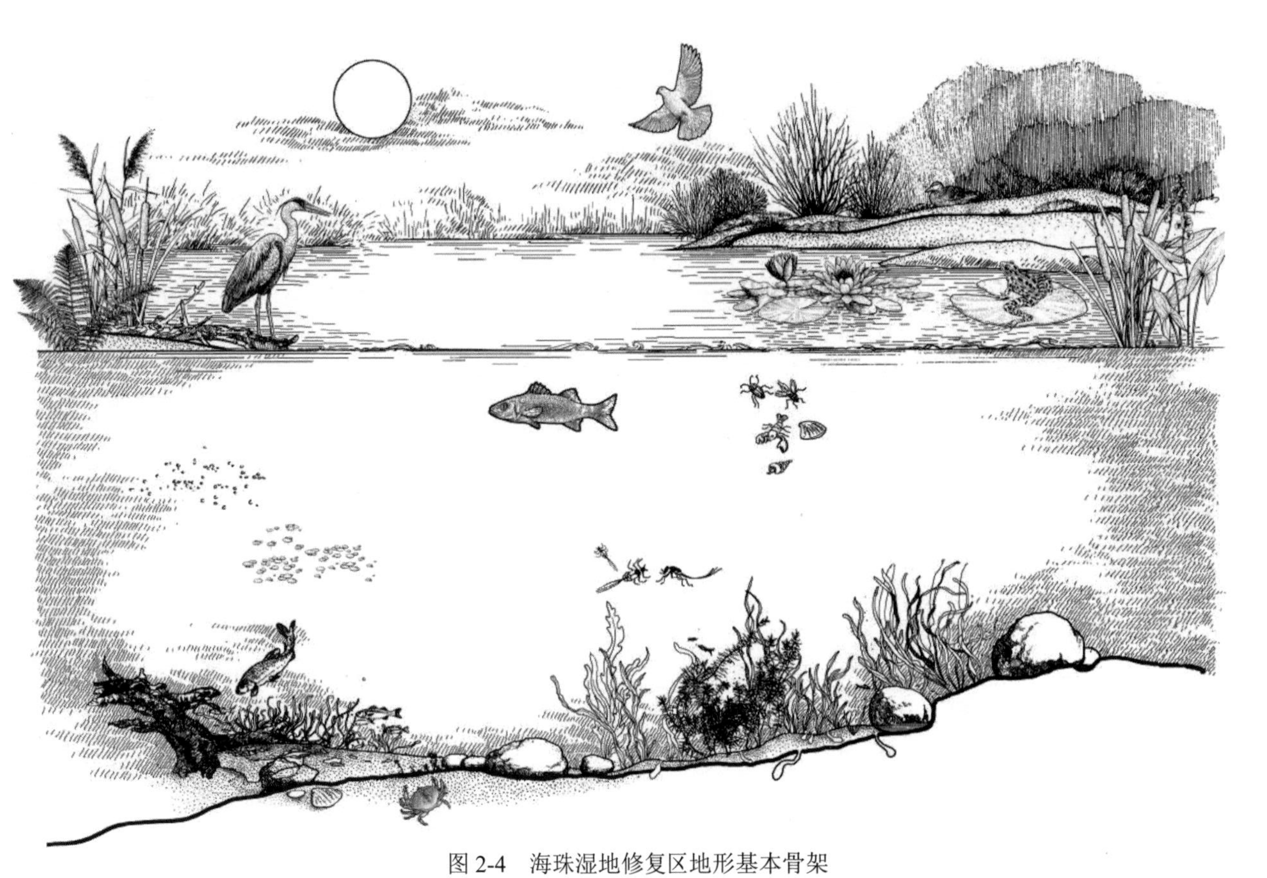

图 2-4　海珠湿地修复区地形基本骨架

通过水上地形和水下地形一体化修复，形成岸带、浅滩、深水区、浅水区的地形交错格局，形成多种多样的小微生境类型，为各种生物提供优良栖息场所

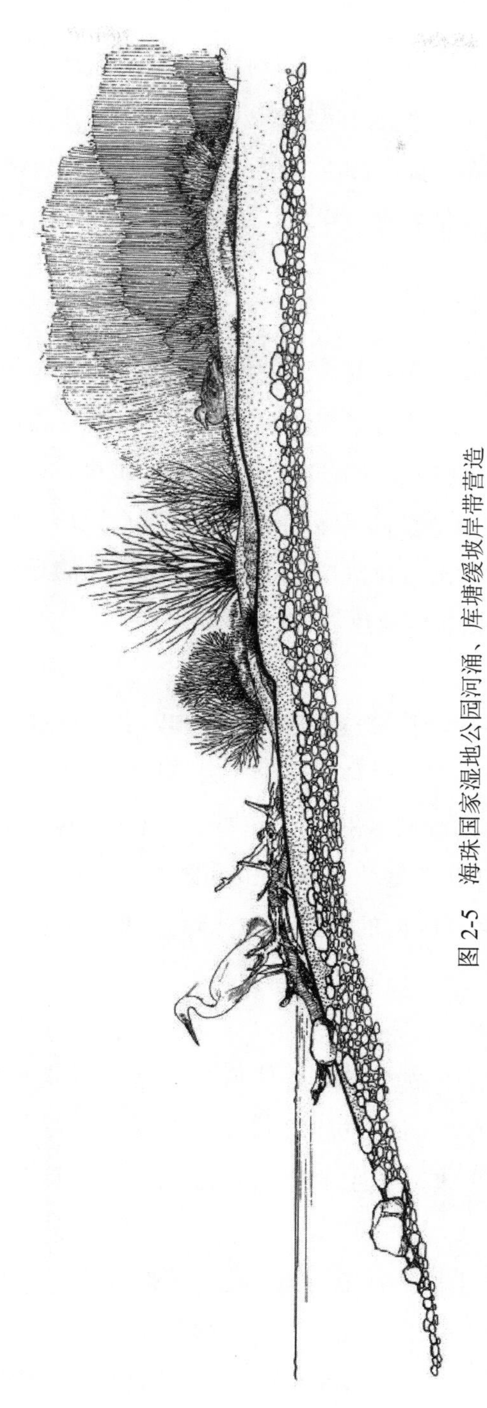

图 2-5　海珠国家湿地公园河涌、库塘缓坡岸带营造

对海珠湖、石榴岗河、土华涌等河涌水岸进行适度地形改造，营造缓坡岸带，形成水陆间的生态缓冲带，发挥净化、拦截、过滤等生态功能

从水体向陆地过渡依次为沉水植物带、浮水植物带、挺水植物带、湿生植物带（包括湿生草本、灌木和乔木等），形成了滨岸水平空间上的多带生态缓冲系统。利用物种在空间上的生态位分化，构建按水位梯度分布的带状植物群落，可以提高滨岸带生物多样性，加强生态缓冲能力，促进形成多样化的生境格局。

3. 营造浅滩

针对海珠湖、石榴岗河及其与大的河涌之间交汇地带的硬质驳岸和陡坡等岸带，营造浅滩基底，通过对邻近水面起伏不平的开阔地段进行局部微地形调整（即局部土地平整），削平过高地势，减小坡度，以减缓水流冲击和侵蚀（图 2-6）。对周围地势过高区域，通过削低过高地形、填土降低水深等方式塑造浅滩地形，营造适宜湿地植被生长和水鸟栖息的开阔环境，使其成为涉禽、两栖动物等的栖息地及鱼类的产卵场所。

4. 营造深水区

在海珠湿地尤其是垛基果林湿地的恢复中，我们需要保留或营造一定面积的深水区，以保证其底层水体在冬季不会结冰，为鱼类休息、幼鱼成长与隐匿提供庇护场所，为湿地水生动物提供越冬场所。垛基果林间开敞区域深水区地形的恢复，可以满足游禽栖息和觅食需求。我们主要在海珠湿地四期的垛基果林湿地修复区内的垛间开敞水域，通过深挖基底来营造深水区（图 2-7）。

5. 营造生境岛屿

岛屿地形营造对于拟修复的海珠退化湿地来说是重要的地形修复措施。结合不同种类水鸟的栖息和繁殖环境要求，通过堆土（石）来进行生境岛屿地形修复。该工作主要在海珠湿地二期、四期的鸟类生境修复区进行（图 2-8）。

营造生境岛屿，不规则种植芦苇、菖蒲等挺水植物，确保在自然环境下为作为鸟类食物来源的水生昆虫、鱼类等提供栖息空间；在浅水滩涂上随机布置碎石与就地取材的原始形态木桩和倒木，为鸟类提供栖息场所；完善鸟岛

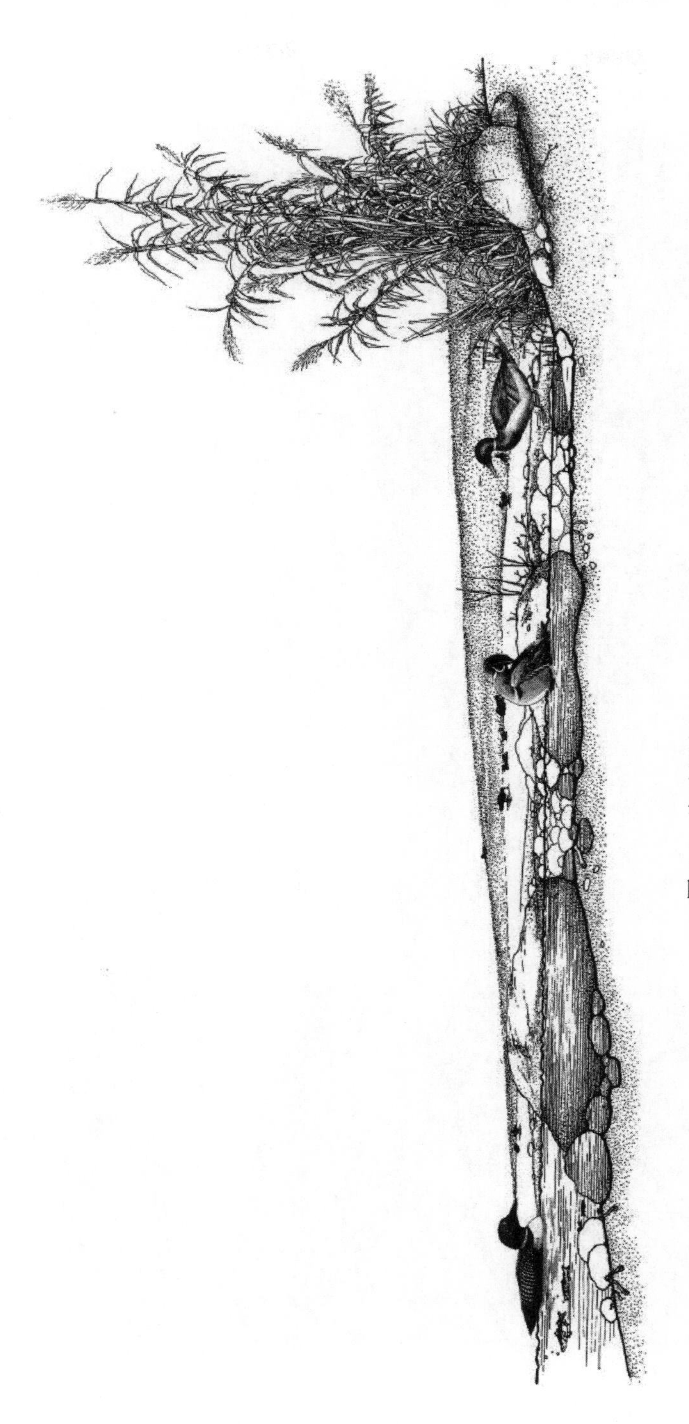

图 2-6　海珠国家湿地公园浅滩营造

针对海珠湖及部分河涌的硬质驳岸和陡坡岸带，破除硬质护坡，营造浅滩，形成适宜湿地植物生长和水鸟栖息的环境

图 2-7　海珠国家湿地公园深水区营造

在海珠垛基果林湿地修复中，通过在垛间深挖，形成一定面积的深水区，可为水生动物提供越冬场所和庇护空间。深水区的恢复，也可满足游禽栖息活动的需求

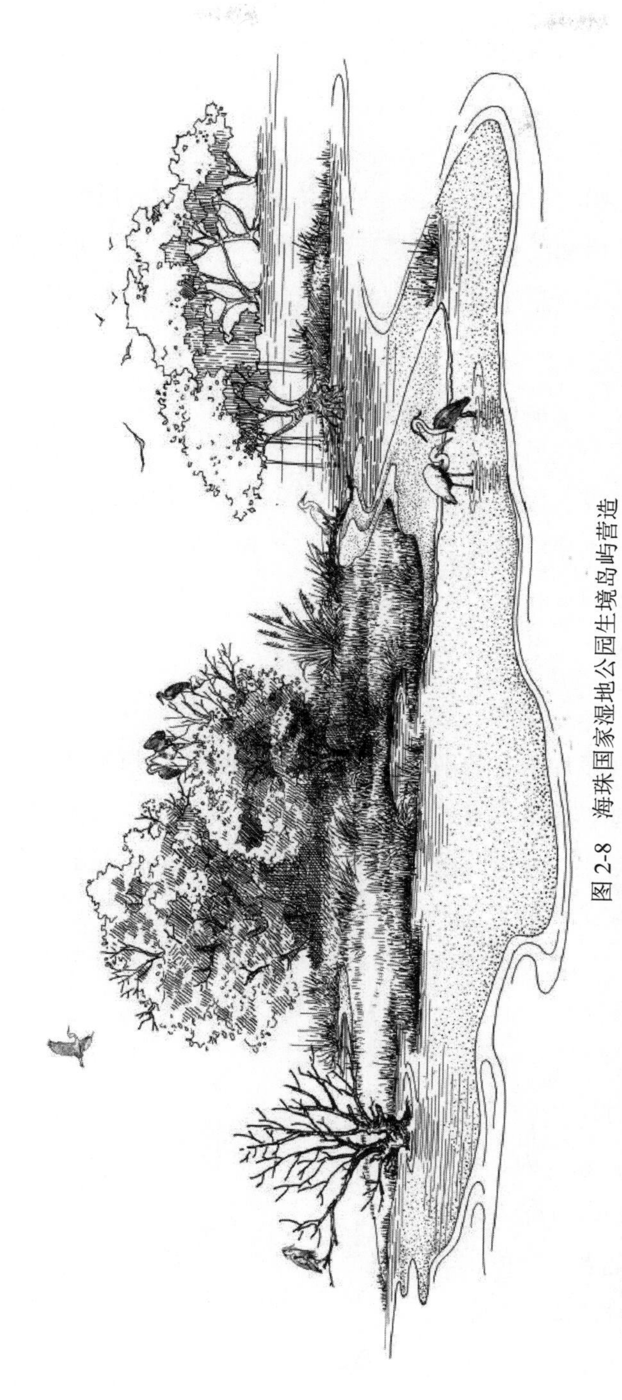

图 2-8　海珠国家湿地公园生境岛屿营造

岛屿是被水包围的闭锁性陆地区域，是重要的生境斑块。在海珠国家湿地公园内进行岛屿生境修复，应结合不同种类水鸟的栖息、觅食和繁殖要求，将土石工程与植物工程有机结合，进行岛屿地形修复，形成从浅水区、浅滩到岛屿陆地的生境梯度上的植物群落结构，在鸟岛上营造多样化的生境格局，为鸟类提供觅食、庇护、繁殖场所。

6. 营造洼地

在平坦的地面上塑造不均一分布的洼地，提高地表环境异质性（图 2-9）。洼地营造主要在果林内部的林间空间进行。此外，海珠国家湿地公园一期、二期的陆地部分的水敏性系统建设区域将洼地营造作为小微湿地建设的措施之一。

7. 营造水塘

自然界有许多大小、形状不同的塘。这些塘具有储蓄水分、控制雨洪、净化污染、调节微气候、提供生物生境等多种生态服务功能。海珠国家湿地公园内的湿地修复，主要在基塘系统修复重建区和一期、二期部分陆地区域进行水塘营建（图 2-10）。

（三）植被修复

海珠湿地的植被修复包括自然恢复和人工辅助自然恢复两种方式。在人为干扰不大、土壤种子库丰富的区域，植被修复规划采取自然恢复技术，即采取封禁手段对湿地修复区域通过封育措施恢复林草植被。在人为干扰强度大、采取自然恢复效果较慢时，植被修复规划采用人工辅助自然恢复，即采取种植湿地内原有乡土物种来改善生境的方式，通过种植乡土植物、进行群落结构配置和优化等，修复湿地植被的外貌、结构及功能；在修复后期，植被修复以自然的自我恢复为主。

1. 种类筛选

1）种类筛选原则

在海珠湿地植被修复中，植物种类的筛选要确保该植物生长的环境条件与湿地恢复区条件相似，筛选原则如下。

（1）应采用本地乡土物种。

（2）对修复区域的适应性强。

（3）具有环境净化功能，且具有观赏价值。

图 2-9　海珠国家湿地公园洼地营造

在海珠垛基果林内的林间和林窗空地，于平坦地表营建微地形起伏的洼地。营建洼地可提高地表环境异质性，降雨时积水、晴天土壤保持潮湿，为湿生植物的生长提供了良好条件

图 2-10　海珠国家湿地公园水塘营造

在海珠湿地修复的水塘营建中，通过挖深、围堵、蓄水汇聚成塘，为水生昆虫、鱼类、青蛙等各种动物提供栖息繁衍场所

（4）抗病虫害能力强。

（5）繁殖、栽培和管理容易。

优先选择乡土植物物种开展湿地植被恢复对于海珠湿地修复至关重要。乡土植物更易适应海珠国家湿地公园的生长条件，能够与公园内的动物和微生物形成长期协同进化关系，且许多鸟类与昆虫对特定的乡土植物存在依赖关系。种植乡土植物还能够帮助保存海珠国家湿地公园内原有的乡野杂草资源（杂草基因库）。

2）种类筛选结果

在乡土植物的选择上考虑增加耐水湿乔木，如水石榕、水黄皮、水翁蒲桃、桑、乌桕等。在垛基果林与海珠生命乐园的大水面位置种植乌桕、水翁蒲桃、水松、池杉、落羽杉等耐水植物，以增加水上、水下生境的异质性，提升生物多样性，营造“水中林泽”（图 2-11）。

在保护恢复红树林区域时，根据场地的情况，在咸淡水交汇的受黄埔涌潮汐影响的地块，可种植秋茄、木榄、桐花树、老鼠簕等真红树植物；临水区域可种植海漆、桐棉、水黄皮、银叶树、黄槿等半红树植物；可选择茳芏作为伴生植物进行种植。以真红树、半红树、伴生植物构成红树林群落，形成上层+中层+下层的复层混交植物群落。

2. *植物群落配置*

在进行湿地植物配置前，须充分调查海珠湿地修复区的水文、地形、土壤等环境特征和现有植被状况，借助自然环境梯度构建相适应的植物群落，使其在没有人为干预的条件下能够自发演替。

1）果林区域植被恢复及群落配置

现有果林区域群落结构较单一，群落类型单一，种类较少。要营造丰富的生物多样性，应营建整体的植物群落，特别是陆生植物群落的修复重建。植被恢复措施包括以下几点。

图 2-11　营造“水中林泽”

在开阔浅水区域种植耐水乔木和灌木，营造“水中林泽”，形成海珠国家湿地公园内林水一体化的优美景观

（1）对现有果林进行疏伐后，稀疏种植南亚热带地带性高大乔木，间植一些小灌木（原则上不种草本植物，让其自然恢复），形成了“乔木+灌木+地被植物”的丰富植被层次（图 2-12）。无论果林疏伐与否，在垛与垛之间的交会处，尤其是在林窗和开阔水面处，种植本地高大乔木，使林冠结构更为丰富；规划在河涌、溪流边岸丛状种植竹子。对打开的林窗进行地形塑造，以木本植物种植为主，草本植物以自然恢复为主。

（2）打开林窗，形成林内开敞空间。在林窗开敞空间内进行地形塑造，以自然恢复的方式恢复草本群落或稀疏种植本地观赏草为主的草本群落。

2）水面植被恢复

（1）小型水面植被恢复：以自然恢复为主，利用湿地土壤种子库让其自然恢复。如果缺乏土壤种子库，可适量撒播漂浮和浮叶植物的繁殖体，以小型浮叶植物为主，如荇菜、水鳖等。

（2）大型水面植被恢复：以适量撒播沉水植物、漂浮植物和浮叶植物的繁殖体为主，如穗状狐尾藻、眼子菜、荇菜等。

（3）在海珠湿地修复中进行水生植物群落配置时，按照水下沉水植物、明水面浮叶植物的群落配置格局进行配置。

3）滨水带植被修复

根据库塘湿地、湖泊湿地、河流湿地滨岸的水位变化情况，营造植物的分带格局，从水体向陆地过渡依次为沉水植物带、浮水植物带、挺水植物带、湿生植物带（包括湿生草本、灌木和乔木），形成了滨岸水平空间上的多带生态缓冲系统（图 2-13）。这种按水位梯度构建的带状植物群落利用了物种在空间上的生态位分化，以提高滨岸带生物多样性和生态缓冲能力，并形成了多样化生境格局。

4）陆地植被结构优化

湿地修复区内的陆地植物群落（灌丛、森林等），根据不同植物种类对光的适应差异，形成了林下垂直空间上的乔灌草分层格局。运用垂直混交技术构建的“乔木+灌木+地被植物”群落，形成了丰富的植被层次。

图 2-12　果林植被结构优化

对海珠国家湿地公园内的现有退化果林进行适度疏伐，稀疏种植乡土乔木树种，间植小灌木，形成乔-灌-草结合的复杂植被层次

图 2-13　滨岸水平空间上的植被恢复

根据海珠湖及河涌沟渠滨岸的水位变化，构建沿滨岸高程的分带植被结构，形成滨岸水平空间上沉水植物带、浮水植物带、挺水植物带、湿生植物带组合形成的多带生态缓冲系统

（四）生境修复

在海珠退化湿地修复过程中，为珍稀濒危特有目标物种及乡土物种营造良好的栖息环境是实现湿地生态系统功能完整性的关键步骤。鸟类、鱼类、昆虫等是湿地的重要功能类群，其中很多种类是湿地生态系统中的关键种，对反映湿地环境变化和调控群落结构起着重要作用。海珠湿地修复工程就是要利用能够提高生境多样性的技术，使植物和动物多样性增加。通过生境结构的修复与改善，通过引入关键种，建立适于鸟类、鱼类及其他野生动物的栖息地，从而恢复湿地的生物多样性。

第三章　垛基果林
——岭南湿地的魅力

垛基果林湿地是海珠国家湿地公园最具代表性的湿地类型，是岭南热带果林-湿地复合生态系统，是重要农业文化遗产之一。根据其“五素同构”的生态特征，综合考虑了“基、果、水、岸、生”各要素的协同共生，修复主要包括以下七个方面：①垛基果林湿地形态及结构设计；②垛基果林疏伐；③垛间水道拓展及设计；④果林植被结构优化设计；⑤果林开敞空间恢复营建；⑥果林区域河涌-渠系网络恢复；⑦果林生境管理。

第一节　垛基果林湿地的形态及结构设计

对海珠湿地修复来说，不能拘泥于过去的果林形态，必须大胆优化其形态、结构。除了原态保留的果林，即保留小部分原生形态的果林，基于生物多样性提升和生态系统服务功能优化目标，必须尽可能地修复重建垛基果林湿地（唐虹等，2018）。垛基果林湿地是海珠区最重要的湿地形态，既是对过去几百年来在珠三角河涌湿地上形成的果林形态的继承，又有机地结合了珠三角水网密布区域的特点，创新性地营建出独特的南亚热带湿地景观类型——垛基果林湿地（图 3-1、图 3-2）。

对垛的形态做出的局部改良和优化，须结合水系改造进行。优化后的垛基果林，从外部形态看仍然是原来的垛基形态，进入其中，给人的感觉是典型的湿地形态（图 3-3、图 3-4）。在修复过程中对垛的边缘进行蜿蜒化处理，垛与垛之间的水网形成连续的整体。

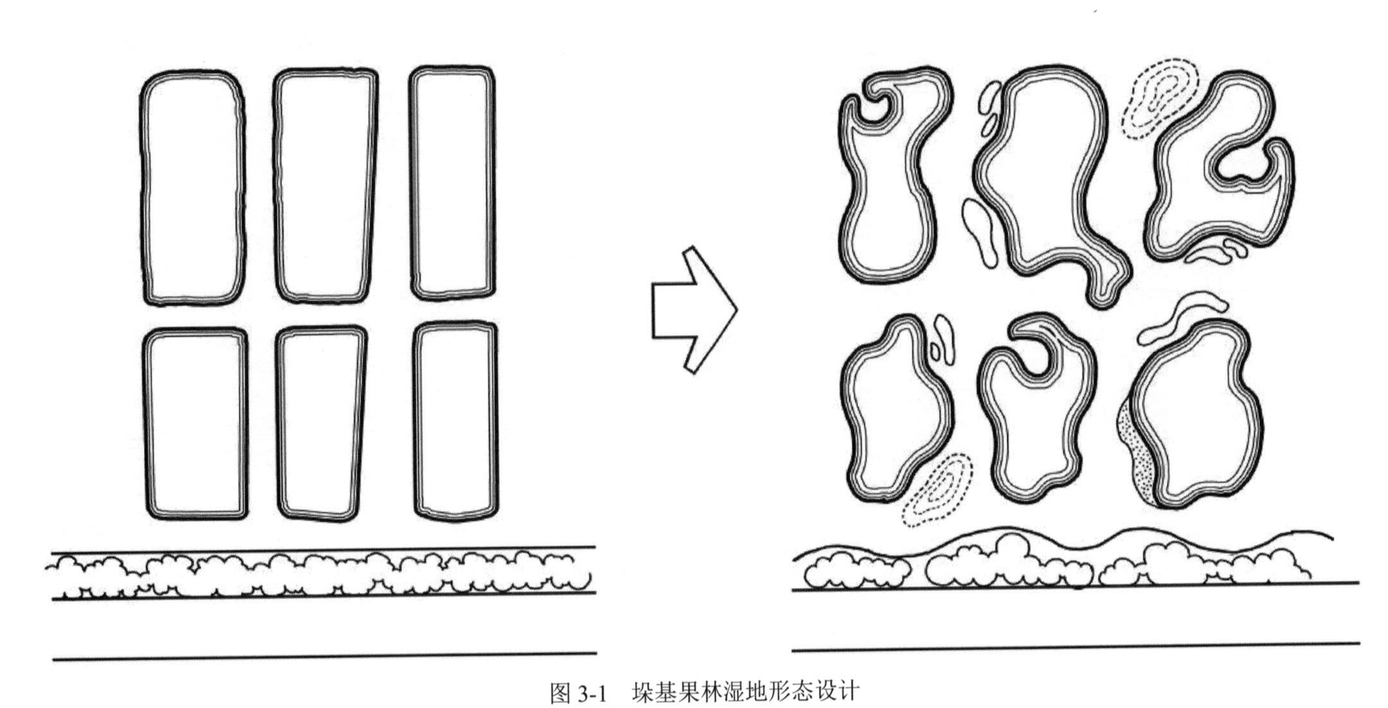

图 3-1　垛基果林湿地形态设计

基于生物多样性提升和生态系统服务功能优化目标，在尊重原有垛基形态肌理的前提下，对部分垛基形态进行优化，增加每个垛基边缘的蜿蜒度，形成了多样的垛基边岸形态。垛基形态优化须结合水系改造进行，在改造垛基形态的同时适度拓宽垛间水道

图 3-2　修复后的垛基果林湿地空间结构

修复后的垛基果林湿地，从水面到垛基，从垛上草本植物到果林，形成垂直空间上的结构层次；各级河涌沟渠环绕垛基，果林垛基镶嵌分布，形成水平空间上的镶嵌斑块。垛基之间的一些宽阔水道可供劳作小船通行

图 3-3　修复后的垛基果林湿地

在修复后的垛基果林湿地中，由于对密集的果林进行了适度疏伐和垛基面上微地形改造，林下光照条件改善，草本植物生长茂盛，加上垛基边岸的微地形变化，使得垛基果林湿地的生物多样性大幅提升

图 3-4　垛基果林湿地中垛间的开阔水面

在垛间拓宽水面，形成开敞水面空间。同时，适度深挖基底，形成局部深水环境，有利于对鱼类的庇护。开阔水面与镶嵌分布的垛基果林，形成优美的岭南湿地画卷

第二节　垛基果林疏伐

现有垛基上的果树密度太大，林下光照不足，不利于林下植物生长；现有果林的群落结构较为单一，生物多样性贫乏。通过对垛上的果树进行适度疏伐，营造垛上稀树景观，形成了垛上疏林景观（图 3-5）。疏伐后，每个垛上可保留 1～3 排果树，但这应根据每个垛的具体面积而定。由于鸟类的生存还需要一些密林环境，以形成鸟类的食物仓库，因此，我们要保留部分过去密植的果林，形成疏林与密林有机结合的垛基果林生境。

图 3-5　疏伐后形成疏密有致的垛基果林

在果树密度大的区域，适度疏伐垛基上的果树，可改善果林下的光照条件，有利于果林下草本植物的萌发生长。保留局部垛基上的密林环境，满足鸟类的食物需求。修复后，形成的疏密有致的垛基果林优美景观

第三节　垛间水道拓展及设计

对垛间沟渠进行扩挖（或去除中间的垛），以形成垛间清晰可见的水面空间（图 3-6、图 3-7）。各个体的垛不必大小及形态均一，应力求形态多样。由此，除了为鸟类、鱼类形成适宜的生境空间，在允许游客进入的区域内，也能够让游客从空中、地面、水上均可观察到独具特色的垛基果林湿地（图 3-8）。在垛间沟渠扩挖中，不对大的水系形态做出改变。垛与垛之间的连接桥以果林枯枝等木质材料为原料建造。对已经淤塞和退化的垛间水道的疏浚和扩挖，以人工清挖和小型机械清挖相结合的方式进行（图 3-9），尽可能体现对自然友好的方式。

图 3-6　进行垛间水道修整和拓宽

对退化的垛间水道进行修复，为保证垛基边缘的自然性和完整性，使每一级水道都形成完整的线性生态廊道，以人力对垛间水道进行修整、疏浚和拓宽

图 3-7　拓宽后的垛间水道成为鱼、鸟的良好生境

对部分垛间区域进行适度拓宽及局部深挖，形成宽阔的垛间水道及局部深水环境，有利于鱼类的生存，也使这里成为水鸟栖息的良好场所

图 3-8　通过垛间水道修复，形成水绕垛基果林、林水一体的优美景观

通过修复，恢复了垛基果林区域河涌沟渠的水文连通循环。河涌沟渠环绕垛基果林，垛基上岭南果树与水体辉映，林水一体，林水和谐，构成了垛基果林湿地的生命画卷

图 3-9　俯瞰修复后的垛基果林与垛间水道交融的景观

修复后的垛基果林湿地，各级河涌沟渠贯穿于疏密相间的果林中。一个个浑圆的果树树冠，如同写在垛基果林湿地中的生态符号，静静地向人们传递着岭南湿地的生态奥秘

第四节　果林植被结构优化设计

通过在垛基果林湿地范围内营建层次丰富、种类多样的植物群落，丰富了海珠湿地的生物多样性。无论果林疏伐与否，在垛与垛交会处、林窗边缘和开阔水面水岸边缘等，稀疏种植以本地树种为主的高大乔木，从而丰富群落结构（图 3-10）。乔木、灌木等木本植物以本地乡土树种为主，草本植物以自然恢复为主。

图 3-10　垛基果林湿地植被结构优化

海珠国家湿地公园内修复后的垛基果林湿地，果林疏密相间，植被结构层次丰富，草本植物种类多样

第五节　果林开敞空间恢复营建

营建垛基果林内部的开敞空间，增加了果林内部的光照条件。在陆地部分，在地块之间的交接区域可营建垛间荒野片段，即隔离出人为无法干扰的地方，该区域以自生植物的恢复为主。在大多数果林内部的开敞空间，进行果林开敞空间多塘湿地修复和果林开敞空间浅水沼泽修复（图 3-11～图 3-13），以增加环境空间异质性、生境类型多样性，同时丰富湿地的景观层次和内涵。

图 3-11　海珠国家湿地公园果林开敞空间的营建

营建果林开敞空间，改善垛基果林湿地内的光照条件，使开敞空间成为自生草本植物良好生长的区域。从图中可见，果林开敞空间内生长着茂盛的植物，翠鸟停歇在伸向涌沟上方的番石榴树枝上

图 3-12　海珠国家湿地公园果林开敞空间的水塘营建

在果林开敞空间中进行水塘的营建，可改善果林微气候条件，增加小微湿地元素，提升生境类型多样性，使果林开敞空间的水塘成为水鸟栖息的良好场所

图 3-13　海珠国家湿地公园果林开敞空间营建的浅水沼泽

在果林开敞空间内，通过营建负地形塑造形成浅洼湿地区域；该区域由于水分条件改善和长期处于潮湿状态，湿地草本植物自然发育，形成果林开敞空间中的浅水沼泽

第六节　果林区域河涌–渠系网络恢复

河涌水网是海珠国家湿地公园重要的功能联系经络，海珠湿地的发育依赖于水的滋润及水动力的调节。在海珠国家湿地公园内，河涌水网由河-涌-沟-渠体系组成，石榴岗河是珠江支流，汇入珠江后航道；几条大的涌与其分支的沟渠纵横相连，构成了湿地公园内的水网体系，维持着果林湿地的发育。此外，珠江河口区域的涨落潮成为海珠湿地发育的重要水动力机制，但在几十年来的严重人为干扰胁迫下，潮汐水动力机制被极大地改变和削弱，导致河涌沟渠淤积严重，尤其是果林内部的大部分沟渠淤塞，部分区域的水环境污染严重。因此，河涌-沟渠网络修复的重点内容包括两个方面。

（1）利用潮汐水文交换，修复河涌-沟渠水文及水动力。利用潮汐水动力进行调水，涨潮引水，落潮排水，以恢复正常的潮汐动力过程，使海珠国家湿地公园内部的河涌-沟渠网络水文交换得到保障。通过引潮入涌，恢复河涌湿地潮汐水文及动力沉积过程。

（2）河涌-沟渠水网湿地修复。潮汐动力及其所携带的泥沙对河涌滩涂湿地的形成和动态维持起着至关重要的作用（图 3-14）。通过河涌滩涂的修复，使得滩涂上由潮汐动力所形成的微型潮沟系统、滩涂地貌得以重建，这为弹涂鱼和相手蟹等底栖动物提供了栖息环境，也为水鸟提供了良好生境和食物条件。对那些河涌-沟渠退化或者淤塞严重的果林区域，可以通过生态清淤和开挖来修复果林区域河涌-沟渠网络（图 3-15）。

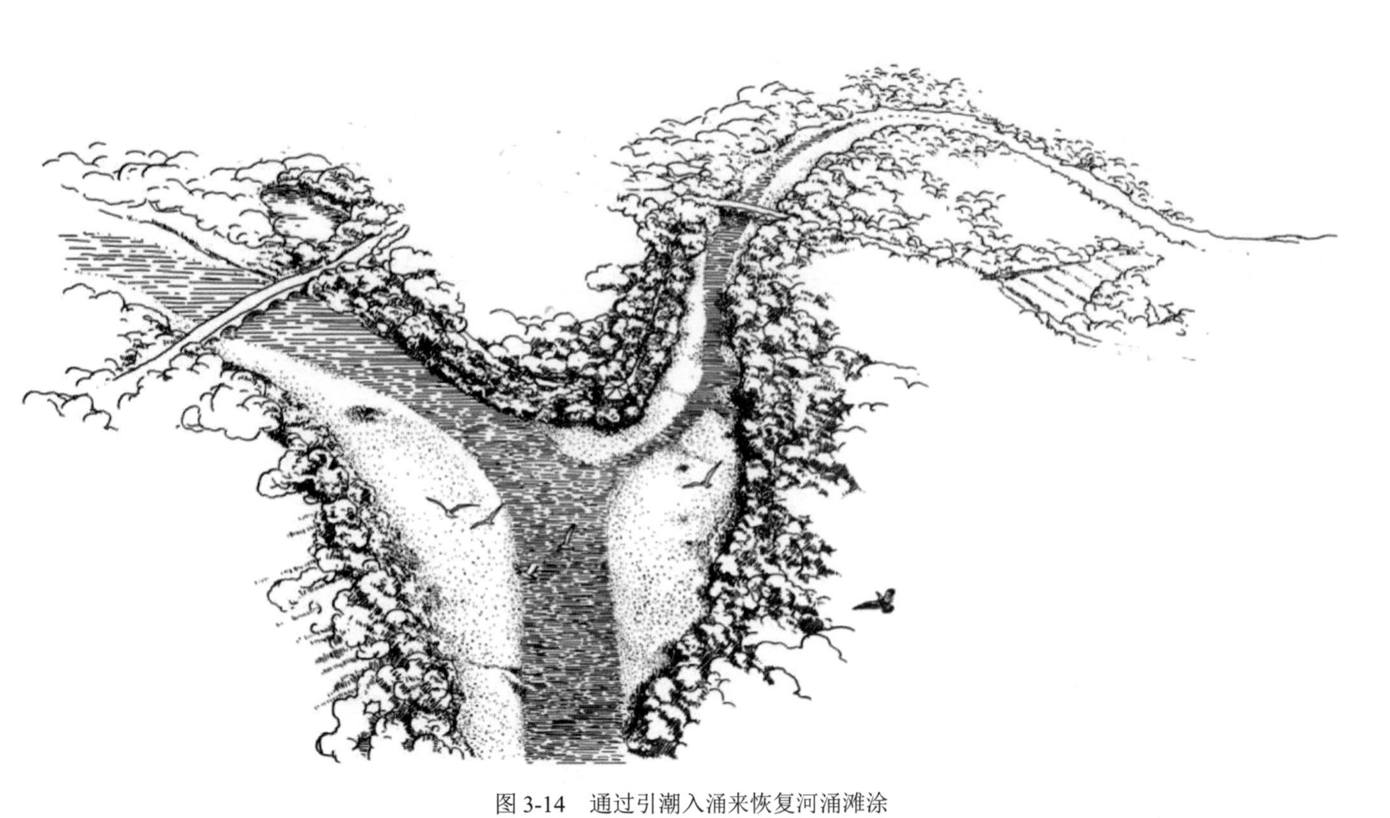

图 3-14　通过引潮入涌来恢复河涌滩涂

通过引潮入涌来恢复河涌湿地潮汐水文及动力沉积过程，重建滩涂微地貌结构，为底栖动物和水鸟提供良好栖息和食物条件。图中可见退潮时海珠国家湿地公园内出露的河涌滩涂湿地

图 3-15　垛基果林湿地区域河涌-沟渠水文恢复后的景观

实施修复后，垛基果林湿地区域的河涌-沟渠网络水文交换得到保障，水质得以改善。图中可见垛基果林湿地区域清澈的河涌水体，与果林形成林环水绕的优美景观

第七节　果林生境管理

修复后的垛基果林湿地，由于生境类型丰富，分布有明水面和浅水区，以及岛屿、半岛、浅滩等生境，因此鸟类等野生动物会丰富起来。因此，必须加强生境管理，对野生生物生境进行适当人工管理，以利于野生生物种群的生存和繁衍；采取相应的管理措施，令不同类型的生境适合各种野生动植物的需要，以增加物种多样性。其中管理措施分植被管理、水文管理和外来有害物种防控三方面。

一、植被管理

种植多种本地乡土植物，进行植物群落结构的优化配置，用以增加物种多样性及吸引各种不同类型的野生动物。在水鸟经常栖息的区域，通过适度控制草本植物生长来满足鸟类栖息的需求。此外，鸟类的生存还需要一些密林环境（图3-16）及干草地，以形成鸟类的食物仓库。因此，在植被管理方面，疏林与密林结合，有草的环境与无草的水面相结合。

图3-16　在海珠国家湿地公园内营建密林环境进行植被管理

果林植被管理除了要适度疏伐和清除外来入侵植物外，还需要保留一些密林环境，以满足鸟类的生存需求

二、水文管理

湿地水位的高度，除了影响水生植物的生长和分布，还直接影响野生动物尤其是水鸟的觅食和栖息，在公园范围内的池塘、河涌，通过设置起调控作用的水柜来调节适宜的水位高度。

三、外来有害物种防控

加强外来入侵有害物种（白花鬼针草、薇甘菊、凤眼莲、福寿螺等）防控，建立外来有害物种预警应急系统，定期清除这些外来物种，以控制其在海珠国家湿地公园的数量和分布。

第四章　基塘与河涌
——岭南的生态智慧

基塘系统是岭南珠江三角洲劳动人民在数千年的生产活动中形成的农业文化遗产之一（Chan，1993；张坚等，1993；钟功甫等，1987）。这种在降水充沛的三角洲低平区域挖泥成塘、堆泥成基、基上种桑（果、花、药等）、桑叶养蚕、蚕粪肥鱼的共生循环系统，蕴含着宝贵的生态智慧。

海珠国家湿地公园的果林位于三角洲河涌湿地上，海珠湿地由珠江前、后航道围绕，散布着密如蛛网、蜿蜒弯曲的潮汐水道。在这种地下水位较高的河涌土地上，数百年前，勤劳智慧的劳动人民在这种典型的河涌水网密布的区域，通过挖沟、疏排水、堆土等，形成了特有的河涌-果基鱼塘复合湿地系统（林日健和骆世明，1989）。古代劳动人民在纵横交织的河涌之间的土地上开挖沟渠，堆土成基，在基上种植果树，在开挖的塘中养鱼，形成了果基鱼塘农业模式。果基鱼塘是基塘农业的重要形式之一，是岭南水乡人民在土地利用方面的一种创造，凝聚着南方劳动人民的生态智慧。这既能合理利用水和土地资源，又能合理利用动植物资源，无论是在生态上，还是在经济上都取得了很高的效益，也赢得了世界的瞩目，成为宝贵的农业文化遗产之一。纵横交织的河涌沟渠，像毛细血管网络一样与果林种植田块交织。自然河涌与人工挖掘的沟渠形成了四级水网体系，河涌潮起潮落，河水顺着不同级别的涌壕沟渠进入果林内部，湿地之水滋养果林，果林为水体和鱼塘遮阴，其凋落物为水体输送着营养物质，维持着湿地食物网。交织的涌壕沟渠、茂密的果林、水岸滩涂、觅食的水鸟与周边的农舍，构成了美丽富饶的珠江三角洲水乡特色湿地画卷，形成了独特的自然-人文果基湿地农业文化体系。

第一节 基塘湿地修复

一、果基鱼塘湿地修复

果基鱼塘湿地修复选择在果树种质资源较好、水系较为通畅的新涌以南区域，开展水系清淤、基塘开挖、滩涂沼泽地营造、水闸及水桎维修、水生植物种植、果林维育、塘鱼自然放养等系统工程，建设具有岭南水乡特色和生态循环特点的果基鱼塘农业文化遗产示范点，营造植物繁茂、鱼虾成群、鸟类翔集的基塘系统（图 4-1），构建种养结合、水陆互促的具有多种生态经济功能的湿地生态系统，实现湿地的生态效益、社会效益、经济效益的有机结合（Williams et al.，2008）。基上以荔枝、龙眼、黄皮、阳桃等热带水果的种植为主，形成果基鱼塘（图 4-2），塘内自然放养土著鱼类（图 4-3）。

二、桑基鱼塘湿地修复

在珠江三角洲低平的区域挖泥成塘、堆泥成基、基上种桑（果、花、药等）、桑叶养蚕、蚕粪肥鱼的共生循环系统，是宝贵的农业文化遗产之一。海珠国家湿地公园内规划的桑基鱼塘基上以种植桑树为主，形成桑基鱼塘；塘内自然放养土著鱼类（图 4-4）。

三、花基鱼塘和药基鱼塘修复

海珠国家湿地公园内规划的花基鱼塘，基上以种植各种花卉或野生草本花卉为主，形成了花基鱼塘系统；塘内自然放养土著鱼类。

图 4-1　以荔枝、龙眼等为主的果基鱼塘是海珠湿地的重要农业文化遗产之一

海珠湿地的基塘系统以果基鱼塘为主，基上种植荔枝、龙眼、黄皮、阳桃等热带水果，塘内自然放养土著鱼类。塘基上的果树等植物与塘内的鱼类等动物，通过营养联系形成良好的物质循环系统

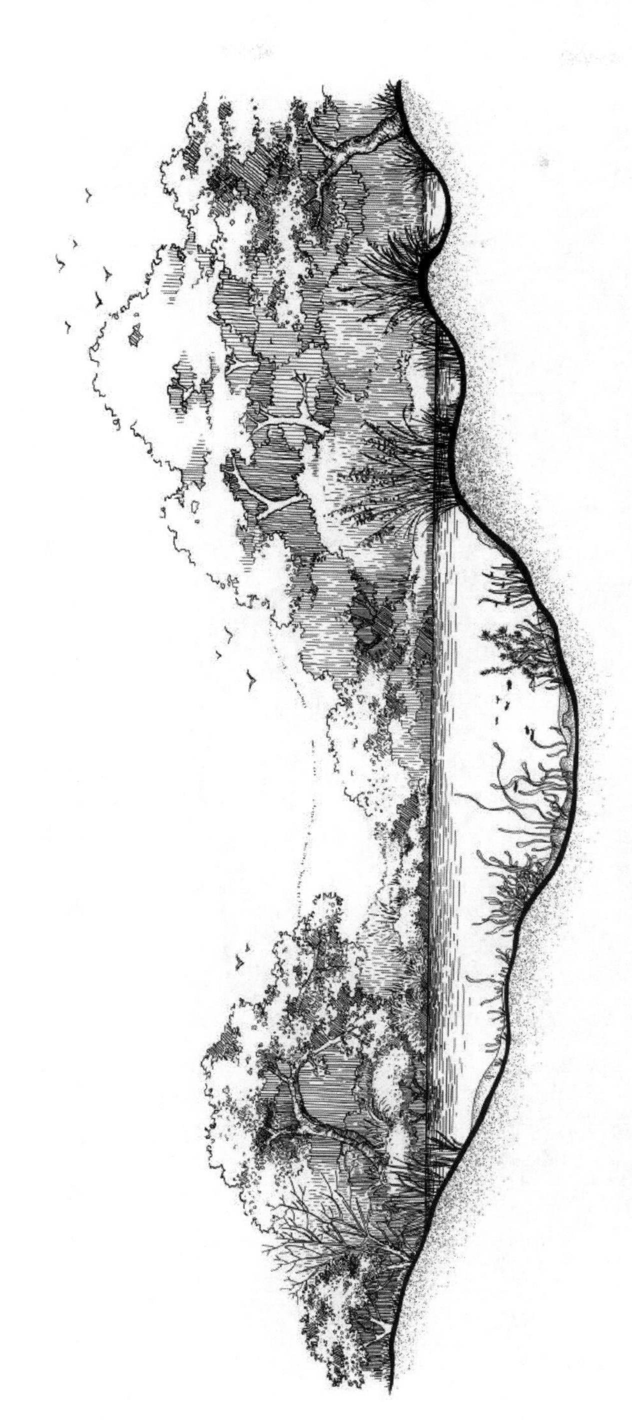

图 4-2　修复后的果基鱼塘水上、水下一体化的良好生态空间

对果基鱼塘塘基和塘底进行微地形设计和营建，使得果基鱼塘的生境异质性增加。从图中可见，修复后，果基鱼塘形成了水上、水下一体化的良好生态空间，为生物多样性提升奠定了基础

图 4-3 果基鱼塘成为海珠湿地的自然秘境

修复后的果基鱼塘，塘基上果树旺盛生长，果树树冠为鱼塘提供了良好遮阴环境，缓平且微地形多样的塘岸为湿地植物提供了良好的着生空间，鱼、鸟、果林协同共生，形成了海珠湿地的自然秘境

图 4-4 海珠国家湿地公园内的桑基鱼塘

海珠国家湿地公园内桑基鱼塘的塘基上以种植桑树为主，间植其他果树，塘内自然放养土著鱼类，形成基上种桑、桑叶养蚕、蚕粪肥鱼的共生循环系统，是珠江三角洲宝贵的农业文化遗产之一

海珠国家湿地公园内规划的药基多塘，基上以种植各种药用植物为主，形成了药基多塘系统；塘内自然放养土著鱼类。

第二节　河涌水网湿地修复

一、河涌-沟渠水文及水动力修复

在河流-湿地复合体理论指导下，利用潮汐水文交换（曾昭璇等，2004），通过河涌-沟渠水文及水动力修复，进行河涌水网湿地修复，这就是海珠湿地的河涌湿地生态智慧——水桓、河涌-沟渠系统、水动力智慧的运用。

二、河涌-沟渠水网体系修复

河涌、沟渠是海珠垛基果林湿地的重要组成要素，是湿地的活水来源，滋养着垛基果林湿地的果树资源、鱼类及鸟类等。对河涌-沟渠水网体系的恢复，通过石榴岗河引珠江后航道的潮水入涌，加强水体置换，恢复潮汐动力，并通过6条河涌同步调度，加强水桓的调控作用，形成了“一湖六脉”湖-涌活水体系。此外，对淤堵的涌沟进行清淤疏通，恢复河涌-沟渠的水文连通，形成活水，保证垛基果林湿地的水文循环及水环境健康。此外，在海珠国家湿地公园内，河涌水网修复后，垛基果林湿地区呈现出优美的林水一体、林水相依的岭南湿地景观。

利用潮汐水动力进行调水，通过实施潮汐水动力的引清调水工程，恢复正常的潮汐动力过程，使垛基果林湿地区域的河涌网络水文交换得到保障。各级河涌环绕垛基果林呈现出林水一体、林水相依的岭南湿地景观（图4-5）。

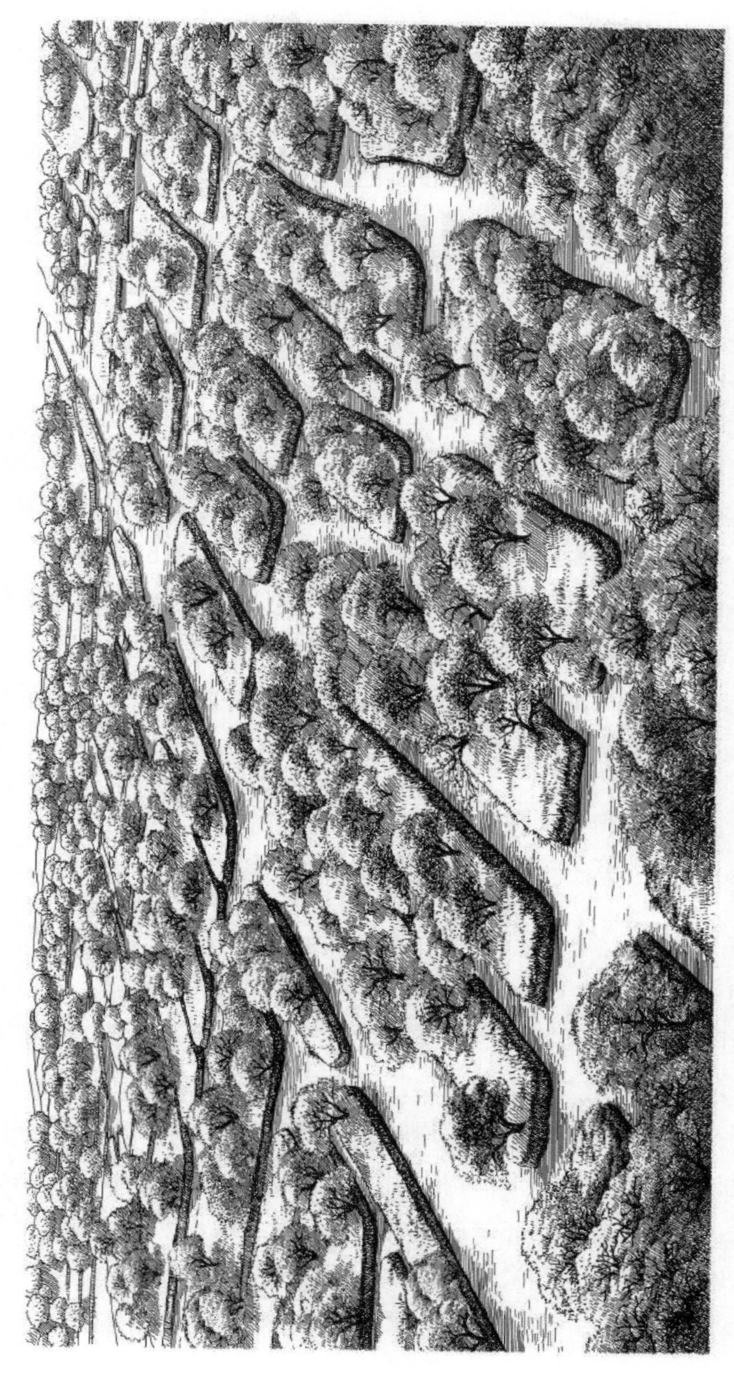

图 4-5 河涌水网修复后呈现的林水一体、林水相依的岭南湿地景观

第五章　柔性水岸
——水岸修复的生命智慧

水岸是水（河、湖、塘）和陆地之间的重要生态界面（袁兴中，2020），对水陆之间的物质迁移起着重要的调控作用，发挥着拦截地表径流、净化环境污染、保育生物多样性等生态服务功能（袁兴中等，2021b）。目前，海珠国家湿地公园尚有不少人工化、硬质化的水岸。湿地修复应在整体生态系统设计框架下进行柔性水岸修复，打造海珠国家湿地公园的柔性水岸生态智慧体系。海珠国家湿地公园的水岸修复包括河岸（含河、涌、沟渠的边岸）修复、湖岸修复及塘岸修复等几个方面。

第一节　柔性湖岸修复

以海珠湖为主进行的柔性湖岸修复模拟了自然湖岸，营建了多孔穴水岸。卵石的缝隙是水生昆虫很好的藏身栖息地，且很多产黏性卵的鱼类也把卵产在这些石块底下。鱼类产的卵分为黏性卵和浮性卵，黏性卵有产在水草上的，也有产在石块上的，这样的水岸就是一个多孔穴结构。根据不同的生态功能要求设计不同的柔性湖岸结构（图 5-1），如模拟自然湖岸时使用大小不同的卵石堆砌一些具有大小不等的孔穴、洞穴等结构，为鱼类、虾蟹类等提供生存生活环境。

图 5-1　海珠湖的柔性湖岸修复模式

基于自然的解决方案进行海珠湖柔性湖岸修复，按照湖岸高程和地形，构建从沉水植物、浮水植物、挺水植物、湿生草本植物、湖岸林的多带生态缓冲系统；通过局部抛石形成多孔穴卵石水岸，为喜穴居的虾蟹类、鱼类提供良好的栖息和庇护场所

第二节　柔性河岸修复

现有一些大河涌、沟渠的河岸较陡，对现有生硬的河涌水岸进行生态化改造，需要削缓岸坡（马广仁，2017），让植物自然恢复生长，形成起伏、多样的柔性河岸，营建南亚热带河涌柔性河岸（图 5-2）。

图 5-2　海珠国家湿地公园柔性河岸修复模式

对河涌、沟渠的陡岸区域或已经浆砌的生硬河岸进行生态化改造，削缓岸坡，并对岸坡进行微地形营建，让植物自然恢复生长，形成起伏、多样、层次分明的柔性河岸

在河岸边生长的荔枝、番石榴等植物的根系与河涌水岸有机融合，形成了柔性植物水岸，植物发挥着对鱼类等水生生物的多种生态功能，如保护河岸及近岸水域空间，为鱼类提供食物、为鱼类提供庇护及产卵场所等（图 5-3、图 5-4）。

进行柔性水岸改造时，我们需要充分利用河涌水岸咸淡水交混的环境中生存的无齿螳臂相手蟹等无脊椎动物。这些动物在生存过程中需要挖掘洞穴，对河岸起着疏松、通气、供氧、增加养分等生态作用，这就是作为生态系统工程师的无齿螳臂相手蟹等建成的多孔穴生物相水岸（图 5-5）（范存祥等，2022）。

图 5-3　以植物营建的柔性河岸

在垛基果林湿地区域的河涌水岸修复中，植物水岸的营建通常选用番石榴等向水性生长植物。番石榴的根系对水岸具有良好的固定和防护作用，部分侧枝会向水生长，伸入水中的枝条形成了对鱼类有利的水中生境结构；悬垂在河涌水面上方的枝条是鸟类喜栖的良好结构

图 5-4　河涌水岸边荔枝形成的柔性植物水岸

在河涌水岸边生长的荔枝的根系对水岸起到固土及防护作用，荔枝树的根部还形成了有利于动物栖息的多孔穴生境。荔枝树冠对河涌近岸水域的遮阴，有利于鱼类生存；荔枝树的落叶掉入水中，成为一些水生昆虫的良好食物，而这些水生昆虫也是鱼类的饵料；荔枝树冠还为一些鸟类提供了营巢场所

图 5-5　海珠国家湿地公园的多孔穴生物相水岸

多孔穴生物相水岸是由植物根系、根茎与水岸及其他生物组合形成的复合生物相结构，是水岸自然环境与生物及其群体相互作用所形成的具有一系列水岸生物特征的综合体。由图中可见，河涌水岸的土质岸坡上有无齿螳臂相手蟹的洞穴，无齿螳臂相手蟹的活动不仅改善了植物根部的通气状况，而且为植物生长提供了营养物质

第三节　柔性塘岸修复

对现有基塘系统或规划拟建的基塘系统进行塘岸的生态设计，形成了自然蜿蜒、生长多种草本植物的柔性塘岸（图 5-6）。塘岸作为塘的水体与陆地之间的生态界面，发挥着拦截、净化的重要作用。基于自然的解决方案，模拟自然水岸的结构，根据塘的水面大小、塘周的环境特征，营建具有一定宽度的塘岸。在塘岸的营建中，草本植物尽可能以自然恢复为主。对退化严重的塘岸，可适度种植小型挺水植物和湿生植物。此外，可将再生稻用于塘岸的生态化改造，将再生稻作为景观植物进行利用可带来良好的效果，其中包括减少人工管理，稻穗可以为鸟类提供食物等。

图 5-6　海珠国家湿地公园基塘系统的柔性塘岸

对退化的基塘塘岸进行生态化改造，形成了自然平缓、微地形多样、生长多种草本植物的柔性塘岸；从塘岸到果林形成了沿高程分布的生境空间，显示出其良好的生态序列

第六章　湿地生境
——喧嚣生命的回归

生物多样性是指生物种的多样化和物种生境的生态复杂性（孙儒泳，2001），是湿地生态系统健康赖以维持的根本，被誉为“湿地的免疫系统”。数百年来，果林生产功能的单一性，以及位于城市中央所遭受的巨大人为干扰，曾一度导致海珠国家湿地公园内的生物多样性较贫乏，这也是海珠国家湿地公园最突出的问题之一。

生物多样性是湿地公园保护的重中之重，海珠国家湿地公园建设的重要目标之一就是通过湿地保护与修复重建，丰富和提升生物多样性，使海珠国家湿地公园成为城市生物多样性的乐园，成为人与自然在这里相遇并和谐共生的美丽家园。海珠国家湿地公园重点针对植物多样性、鸟类多样性、昆虫多样性，从生境设计、营建入手（袁兴中等，2020），极大地提升湿地公园的生物多样性。根据公园内生物多样性现状、不同的生境类型，海珠国家湿地公园的生物多样性恢复包括植物多样性恢复、鸟类生境修复、两栖类生境修复、鱼类生境修复、昆虫生境修复和小微湿地生境营建等（赵玲玲等，2021）。

第一节　植物多样性恢复

植物多样性的恢复首先要强调乡土物种的引入和运用。植物多样性的恢复注重植物生境的营造（江海燕等，2023），只要条件适宜，就会有乡土植物生长起来。比如，草坪或缓平的草坡，通过营建下沉式绿地或者下凹式绿地，甚至挖成水塘，使其水湿条件改变了，相应的湿地植物就会生长起来。在垂直方向上，对公园内现有房屋进行屋顶、墙面的生态化改造，即生命景观屋顶、生命景观墙的建设等，在垂直空间上让植物种类丰富起来，从而在整体上丰富和提升植物多样性。湿地修复工程一定要在整体生态系统设计的框架下进行，应巧妙地借助自然之力恢复植物多样性。

第二节　鸟类生境修复

根据鸟类生态学和生态工程原理，通过营建鸟岛、潟湖、浅水滩涂等生境，以及种植鸟类的食物源群落等为鸟类提供栖息场所、觅食场所、庇护场所及繁殖场所。要让人能看到鸟、能接近动物，但是大多数地方分布的鸟类是与人分开的，如湖泊中分布的鸟类。可以在湖岸构建具有一定宽度的湖岸林、湖岸灌丛或植物篱笆，在人与鸟类之间构建有效的保护屏障，但又能满足人对鸟类的观察需求。

针对海珠国家湿地公园以果林、河涌、湖库为主，缺少浅水滩涂的特点，借鉴自然智慧，向自然学习，以自然之力和人工辅助手段，营造多种多样的浅水滩涂，为鸟类（特别是涉禽）提供栖息生境和食物资源（唐虹等，2018）。

一、针对不同类型生态习性的水鸟生境修复模式

鸟类生境修复主要针对不同生态类型鸟类的功能需求来进行。功能需求分为庇护、繁殖、觅食等。本地繁殖鸟和夏候鸟的功能需求为庇护、繁殖、觅食。旅鸟和冬候鸟的功能需求为庇护与觅食。

庇护功能：在受到外界一定强度的干扰时，目标鸟种能够受到保护，而不迁移到生境外。

繁殖功能：指在繁殖时间段，生境能够为鸟类提供繁殖场所、巢材的功能。

觅食功能：指生境能够为鸟类提供浆果、干果、鱼类、底栖动物等食物资源的功能。

针对游禽生境尤其是其夜栖地的营建，设计满足其夜栖的平缓浅滩及低矮草丛生境（图 6-1～图 6-3）。涉禽是在浅水或岸边栖息生活的鸟类，生境需要平缓浅滩（图 6-4），鹭类等涉禽常栖息和夜宿在水岸边的树林、高大的芦苇丛中（图 6-5）。水鸟的生境修复常常需要营建开敞区域、开阔水面和生境岛屿（图 6-6）。

图 6-1　水鸟生境修复之游禽生境模式

游禽喜生活在宽阔水域，以水中的鱼类、水草等为食。游禽中的鸭科鸟类栖息地的水深不宜超过2m，其主要在浅水区觅食；繁殖地水深1～45cm，流速缓慢。在海珠国家湿地公园内，通过营建开敞水域及岸坡草滩环境，可为游禽提供栖息觅食区域和夜栖地

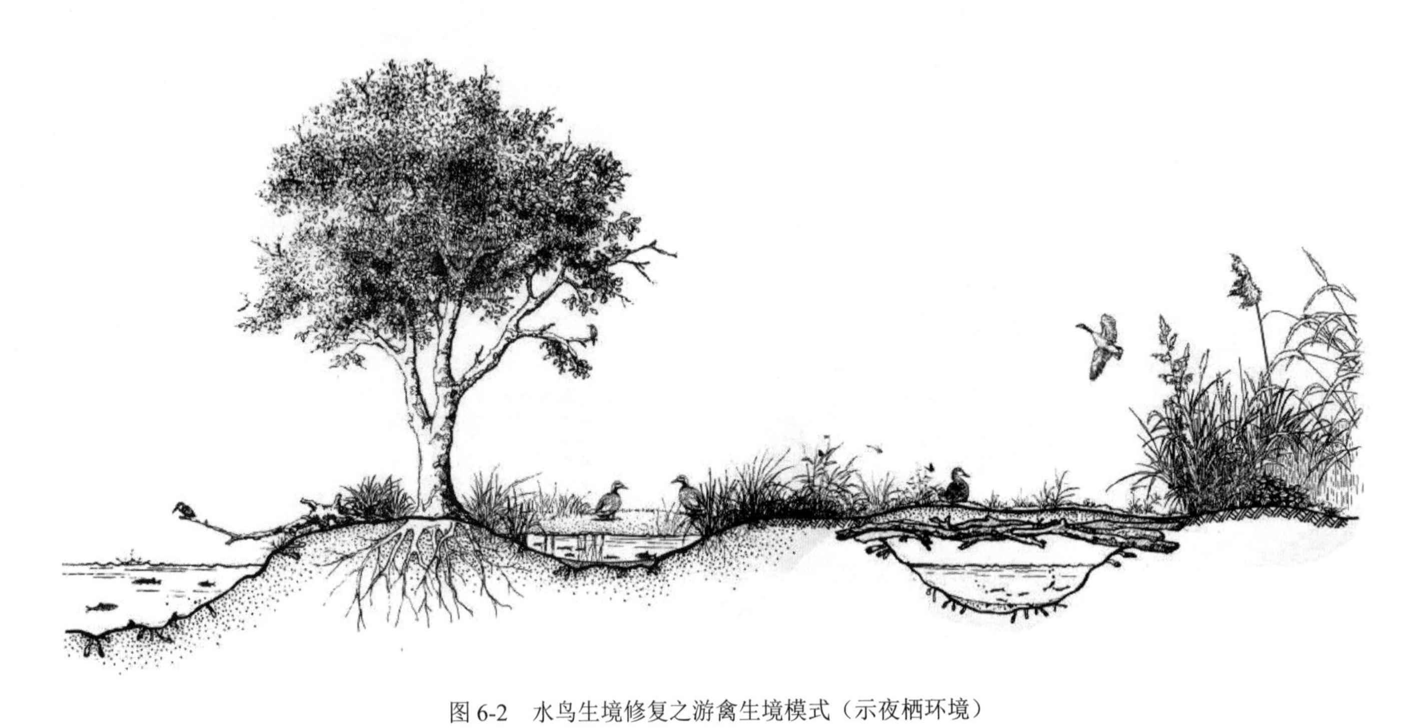

图 6-2　水鸟生境修复之游禽生境模式（示夜栖环境）

通常游禽的夜栖地在岸上，不仅需要能起到庇护作用的草滩环境，以草丛作为庇护场所，而且需要在草滩环境中有洼地，甚至一些小水塘。良好的夜栖地是保证水鸟生存的必要条件之一

图 6-3　水鸟生境修复之游禽生境模式（示庇护及夜栖环境）

海珠国家湿地公园内的开阔水域成为游禽栖息活动的区域，如何为这些鸟类提供良好的庇护及夜栖场所，是鸟类生境修复必须考虑的。在水文连通的河涌-沟渠网络中，河涌交叉区域的开敞水面是游禽的主要活动区域；在河涌内部，通过水岸植物的遮蔽，可形成其良好的庇护空间。在河岸高地营建的草滩，可为鸟类提供良好的活动场所和夜栖地

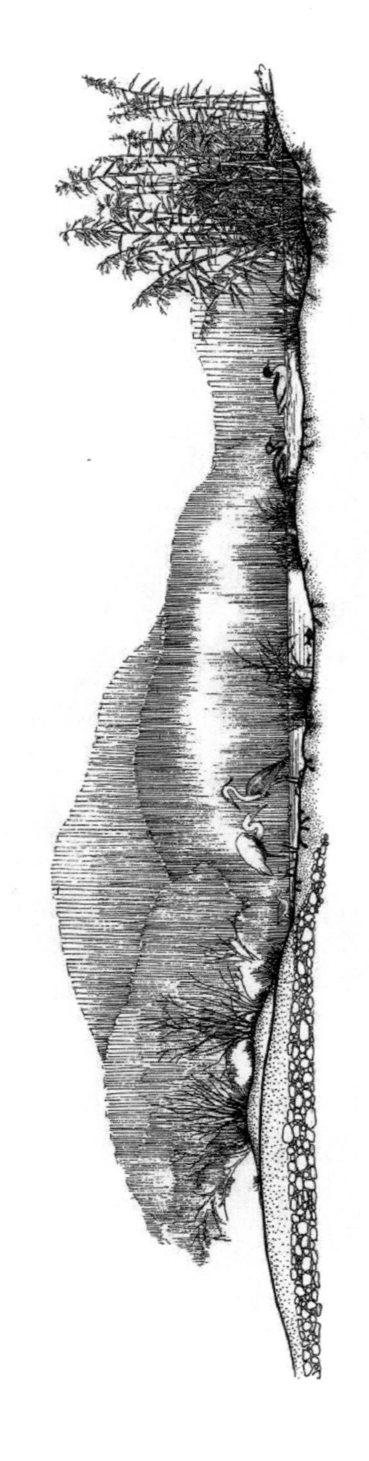

图 6-4　水鸟生境修复之涉禽生境模式

涉禽是适应于在浅水或岸边栖息生活的鸟类，包括鹭类、鹳类、鹤类和鹬类等。在海珠湿地鸟类生境修复中，针对涉禽生境需求，营建满足其栖息的平缓浅滩生境。平缓浅滩中的底栖动物和鱼类是涉禽良好的食物资源

图 6-5　水鸟生境修复之涉禽栖息及食物条件

鹭类等涉禽通常栖息和夜宿在水岸边的树林或竹林上，高大的芦苇丛和芦竹丛也常常成为其栖息、夜宿的场所。邻近的浅水滩涂则是鹭类等涉禽的觅食场所，主要取食鱼类及螺蚌等底栖动物

图 6-6　水鸟生境修复

在海珠国家湿地公园内面积广阔的垛基果林湿地，营建开敞区域和开阔水面，建设分散分布的小型生境岛，为水鸟提供栖息、觅食和庇护场所。修复之后的垛基果林湿地，形成了良好的开阔水面空间，深水、浅水环境结合，适于各种水鸟栖息

二、以“浮排”营建深水区草滩系统，创新鸟类生境修复技术

海珠湖湖面开阔，但湖水较深，湖周及湖心岛屿缺乏浅水滩涂，不能为涉禽等水鸟提供适宜的栖息生境。海珠湖的湖心小岛周边为深水环境，岛岸陡峭，无法通过挖填堆土的方式营造浅滩，所以在湖心小岛（位于海珠湖中部的鸟类保护区）东部沿陡岸边缘设计以竹子为支撑材料的浮排（人工浮岛）。浮排结构由下到上依次为竹子、泡沫、泥土，在浮排上覆薄层种植土，约 15cm 厚；浮排用直径 10cm 左右的杉木桩打桩固定。浮排上种植挺水植物和草本植物，浮排周边插放木桩固定以供鸟类停歇。浮排上种植芦苇、野芋、灯芯草等。浮排使用绳索套在木桩上固定，各浮排紧密连成一片，形成一个整体的浮排，随海珠湖水位变化在垂直方向上移动。浮排被植物覆盖，形成略高于湖水水面的草滩植被，不仅可延伸岛屿的生态空间，为鸟类营建类似浅滩的生境空间，而且在浮排上种植的植物可为鸟类提供食物来源（图 6-7、图 6-8）。在浮排上形成的自然草滩植被，将是水鸟栖息、觅食、营巢及庇护的良好生境。

图 6-7　在海珠湖营建浮排草滩作为鸟类的栖息和庇护场所

沿着海珠湖湖心岛陡岸边缘，营建以竹子为支撑材料的浮排，浮排上种植挺水植物和草本植物，形成略高于水面的草滩植被，延展了岛屿生态空间，在浮排上形成的草滩植被是水鸟栖息、觅食、营巢及庇护的良好生境

图 6-8　浮排草滩与湖心岛连为一体，形成了完整的鸟岛生态空间

从陆地上看，海珠湖湖心岛上植被茂密，是各种鹭类栖息的良好场所；岛屿东侧的浮排与湖心岛连为整体，形成了完整的岛屿生态空间。修复后，不仅各种鹭类成群飞舞在湖心岛，而且浮排草滩及其周边水域也成为鸭科鸟类等游禽的良好栖息场所

三、湖心岛多功能鸟类生境修复

海珠湖西北侧面积约 4000m^2 的湖心岛周边原来也是深水陡岸，岛上是茂密的榕树林，其作为鸟类的生境条件较差。在湖心岛的生态修复中，保留部分密林作为鸟类的食源地，也是林鸟、昆虫栖息的良好场所。在岛的东侧以木桩固定浮排草滩修复浅滩，其上稀疏种植小片林泽，包括部分乔木和灌木，以丰富水岸空间结构，形成鸟类的隐蔽空间（图 6-9）。在浅滩区域，以果林枯枝等堆置岛状生境结构——“动态生物礁”。在岛头营建蜿蜒水岸，形成小型潟湖和水湾，并与林泽和浅滩结合在一起，形成鸟类复合生境结构（图 6-10）。湖心岛的生态修复，提高了湖心岛的生境多样性，满足了涉禽、游禽、林鸟等多种鸟类的栖息需求，发挥了岛屿作为鸟类、鱼类、昆虫等生物多样性保育措施的重要作用。

图 6-9　修复后的海珠湖湖心岛与远处的城市天际线相映成趣

图中可见，湖心岛上保留的部分密林可作为林鸟、昆虫栖息的良好场所及鸟类的食源地。为应对潮水涨落水位变动，在岛东侧以木桩固定浮排草滩，修复浅滩，扩展湖心岛生态空间，提高湖心岛生境多样性，以满足涉禽、游禽、林鸟等多种鸟类栖息需求，发挥岛屿作为鸟类、鱼类、昆虫等生物多样性保育措施的重要作用

图 6-10　修复后的海珠湖湖心岛已成为优良的鸟类复合生境结构

在湖心岛修复后的浅滩上稀疏种植小片林泽，不仅丰富了水岸空间结构，而且形成了鸟类的隐蔽空间。在浅滩区域，以果树枯枝堆置形成的岛状生境结构——“动态生物礁”，涨潮淹没时是水下鱼巢，落潮出露时是鸟类栖息的站立结构和“昆虫旅馆”。在岛头营建蜿蜒水岸，形成小型潟湖和水湾，并与林泽和浅滩结合在一起，形成了鸟类复合生境结构

四、以潮汐动力营造河涌浅滩，修复水鸟生境

周期性的潮汐动力及其所携带的泥沙对河涌滩涂的形成和动态维持起着至关重要的作用，而这些滩涂是以涉禽为主的水鸟栖息的必要场所。海珠湿地为典型的感潮区，可利用潮汐水动力特性恢复正常的潮汐动力过程，通过水闸、泵站等水利设施的联合调控，利用涨潮引外江水入内河涌，恢复河涌湿地的潮汐水文及动力过程。以潮汐动力营造的河涌浅滩，可使河涌滩涂得到恢复，重建滩涂上由潮汐动力所形成的潮沟系统、滩涂微地貌结构，吸引弹涂鱼、相手蟹等底栖生物，在为鸟类提供栖息生境的同时，可为涉禽等水鸟提供食物资源。

第三节　两栖类生境修复

两栖类生境是湿地生态系统的重要组成部分，两栖类种群对湿地生态系统健康具有重要意义。两栖类种群对环境变化敏感，其生活史的完成需要兼具水体环境和陆地环境。栖息地的质量水平决定了两栖类种群的发展状况（Pechmann et al.，1991）。湿地是两栖类种群主要的栖息地类型，为两栖类种群提供了隐蔽、觅食、繁殖和越冬场所。两栖类种群需要在水中产卵和度过幼年期，并过渡到陆生环境中度过成年期。个体的繁殖、生存、扩散和迁移需要水生和陆生两种生态系统。

在海珠国家湿地公园中散布的大小不一的湿地塘斑块，是两栖类重要的生境岛屿（图 6-11、图 6-12）。因此，在海珠湿地的修复中，应修复适于两栖类种群栖息的湿地塘（谢汉宾等，2018），适当种植湿地植物，湿地的边岸适当放置少量枯树枝或倒木，以形成良好的庇护生境。为了满足两栖类种群栖息生境的地形条件需求，需构建生态水塘，在塘中可设置生境岛屿，为两栖类种群提供隐蔽、觅食和越冬场所；在水塘之间构建的连通水道，可作为两栖类种群的扩散通道。

图 6-11　海珠国家湿地公园的两栖类生境修复模式

蛙类等两栖类种群喜栖息在近水、潮湿、阴凉的环境中，幼体蝌蚪在水中生活，成体以陆栖为主。蛙类的栖息地需避免干燥无水、阳光直射的环境；大部分蛙类在晚上活动，白天则栖息在隐蔽处。在海珠湿地的生境修复中，针对蛙类的上述栖息和生活习性，进行了满足其水陆两栖的生境营建

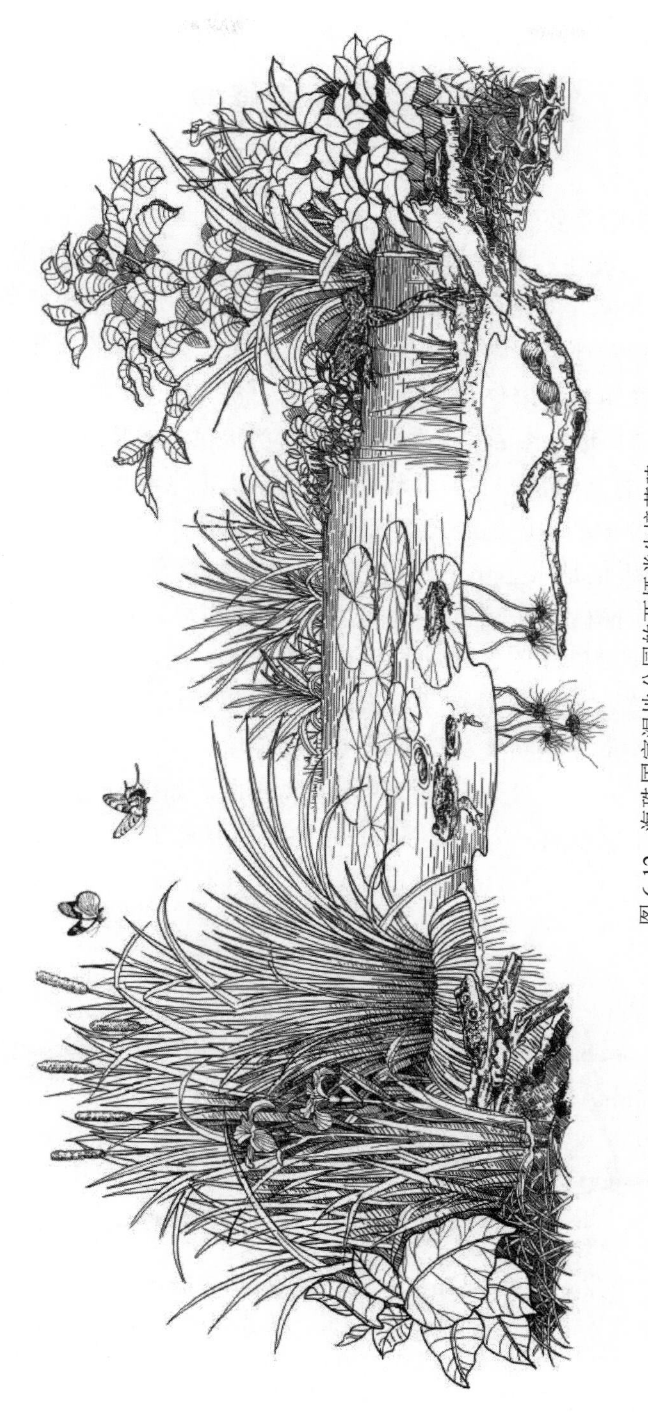

图 6-12　海珠国家湿地公园的两栖类生境营建

蛙类等两栖类种群成体生活在近水潮湿的环境中，包括静水或流水生活型、溪边生活型、草丛生活型、土穴生活型等。针对各类生活类型的两栖类种群，在海珠国家湿地公园内营建了多种类型的两栖类种群栖息生境，满足其栖息及食物需求

第四节　鱼类生境修复

鱼类是湿地中的重要生物类群，鱼类生境不仅为鱼类提供生存空间，而且需要满足水温、流速、底质类型、水质、溶氧、饵料生物等所有环境因素，以利于鱼类生存、生长、繁殖。鱼类生境可分为物理生境和功能生境。湖泊、库塘、河涌湿地沿岸带是草食性鱼类索饵和产黏性卵的鱼类产卵的重要场所。因此，在鱼类生境修复中，应在河岸、湖岸构建多孔穴空间，为鱼类提供良好的生存环境（图 6-13），也必须为鱼类提供产卵基质（包括各种产卵习性的鱼类）（鲁芸等，2023），以满足鱼类产卵条件。此外，河流湿地、库塘湿地、湖泊湿地的水岸的腔穴对鱼类庇护、临时性产卵具有重要作用。腔穴系统及其周边也是水生昆虫、附着藻类及其他浮游生物大量繁殖的场所，这些生物共同构成了一个完整的近岸水域食物网，是鱼类生存所需要的。因此，鱼类生境修复还需要营造多孔穴的生境空间，提供鱼类庇护及产卵生境（洪玉珍等，2023）。在浅水区域，我们可以通过种植沉水植物来形成良好的水下生态空间，为鱼类提供栖息及觅食生境，也为产黏性卵的鱼类提供产卵附着基质；也可在浅水区域放置木质物残体，如枯树枝、倒木等，以形成复杂的水下生态空间，为鱼类产卵、庇护及幼鱼哺育提供良好场所。

图 6-13　为鱼类生境修复所进行的水下生境营建

根据各种鱼类的栖息条件、食物需求及产卵习性，在海珠湖、垛基果林湿地区域的河涌沟渠水下，营造深水和浅水结合的环境，通过卵石和水生植物形成多孔穴空间，为鱼类提供良好的生存环境，同时为各种产卵习性的鱼类提供产卵基质，以满足其产卵需求

第五节　昆虫生境修复

湿地公园内的生物多样性绝不仅是由植物和鸟类构成的，昆虫也是很重要的一大类群（叶水送等，2013）。实际上对于自然生态系统来说，昆虫的多样性远远高于脊椎动物。海珠国家湿地公园内的昆虫种类众多，各种昆虫利用植物作为其营巢的结构支撑及营巢材料来源（图 6-14）。调查了解海珠国家湿地公园内及周边各种昆虫的生活习性、特点，然后根据各种昆虫的生活习性、特点，营建各种类型的昆虫生境（图 6-15、图 6-16），同时这些生境也是具有观赏价值的生态景观小品及科普知识的宣教点。通过增加蜜源植物及枯倒木、枯枝落叶等微生境，开展了昆虫生境修复。在昆虫生境的修复中，通过配置不同功能植物形成植物群落，为自然天敌及传粉者提供蜜粉源和栖息地。

图 6-14　各种昆虫利用植物作为其营巢的结构支撑及营巢材料来源

海珠国家湿地公园内昆虫种类众多，它们是海珠湿地生物多样性的重要组成部分，一些昆虫是为植物传粉或传播繁殖体的关键种，对海珠湿地生态系统的健康维持具有重要作用。垛基果林内的果树是昆虫良好的蜜源植物，各种昆虫将果林植物作为其营巢的结构支撑及营巢材料来源

图 6-15　利用木质物残体及废弃砖石营建的“昆虫旅馆”

“昆虫旅馆”是根据昆虫习性，采用自然材料制作的供昆虫栖息、繁殖的场所。“昆虫旅馆”的营建旨在唤醒人们保护昆虫的意识，回馈自然，保护生态。在海珠湿地修复中，利用木质物残体及废弃砖石营建的“昆虫旅馆”可供各种昆虫乃至蜘蛛等动物入住

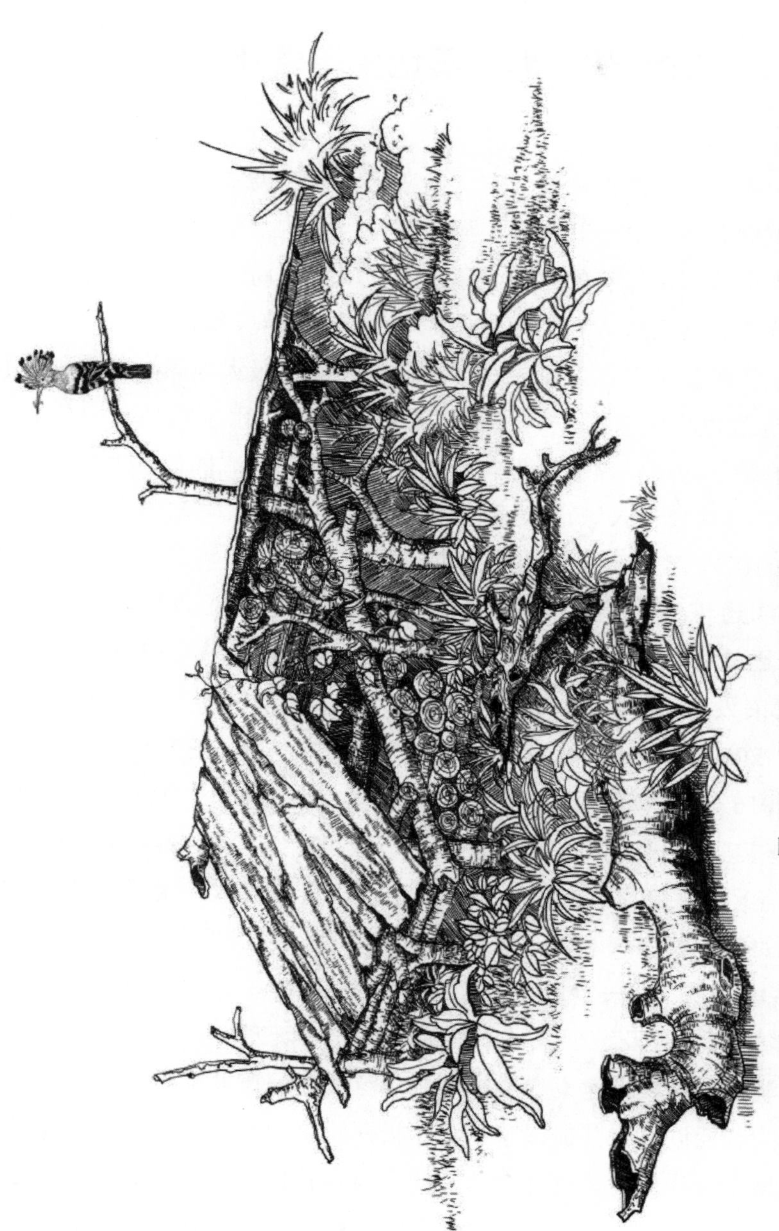

图 6-16　利用废弃果枝营建的“昆虫旅馆”

海珠国家湿地公园内有很多废弃果枝，利用废弃果枝营建各种样式的“昆虫旅馆”，变废为宝，使其成为昆虫栖居的小屋，这些昆虫也可以吸引更多食物链上端的生物，如鸟类、兽类等，形成健康的生态系统，最终人类也将从中受益

第六节　小微湿地生境营建

随着新型城镇化持续推进及全球气候变化引发的极端天气带来的影响，不合理的城市规划逐渐显现其弊端。城市建设极大地改变了流域内土地的利用类型，城市下垫面由原有的林地、草地、农田、牧场、水塘等自然状态改变为水泥、沥青、砖石等人造结构，使地表渗透率下降、地下水无法及时得到补充、峰值流量显著升高、洪峰持续时间延长等，极大地影响了流域内的水文过程，导致洪水灾害频发、城市内涝严重、城市水生态环境恶化。此外，雨水冲刷建筑表面、路面、停车场后形成的地表径流携带了大量污染物质，随排水管道直接进入城市水系，严重影响城市的水生态安全。为优化城市集水区的雨水管理，利用暴雨源头控制，尽可能地拦截雨水，同时通过增加雨水渗透恢复自然水文循环，保持城市水道的连通性，缓解城市化对水文过程的不良影响。基于系列源头控制体系，澳大利亚学者提出了水敏性城市设计（water sensitive urban design，WSUD）（Beecham and Chowdhury，2012；Kazemi et al.，2011），以科学地进行城市雨洪管理（王晓锋等，2016）。水敏性城市设计于 1994 年由澳大利亚学者惠兰（Whelan）等首次提出，是具有削峰滞流、污染净化、水资源利用等综合功能的全新水管理方式，可有效降低城市排水基础设施成本、减缓并遏制城市水生态环境的恶化。澳大利亚政府和相关规划设计部门早在 2000 年就召开了“水敏性城市设计——城市区域的可持续排水系统”会议（Stovin，2010）。随着研究人员及管理人员不断地进行理论研究与实践探索，水敏性城市设计在澳大利亚城市建设实践中得到广泛应用，在城市雨洪管理上成效显著。除澳大利亚以外，其他国家也在积极探索水敏性城市设计的原理及应用。水敏性城市设计作为具有综合功能的全新水管理方式，逐渐成为城市化研究的热点，其相关研究侧重于水敏性系统削峰滞流、污染净化、水资源利用等功能。

随着新型城镇化持续推进，水敏性城市设计越来越多地应用于治理城市污染和管理城市雨水径流，如雨水储存池的应用、绿色屋顶的构建、城市街道人行道的生物滞留系统等。随着水敏性城市设计在技术上的不断完善和在全世界范围内的推广，研究者和管理者逐渐意识到水敏性城市设计在保护城市生态系统、提高城市生物多样性等方面的价值。通过源头控制可以降低河道水体流量及流速，避免径流破坏水生生物的生境；通过拦截过滤污染物质来净化水质，可以保证水生态系统的健康。

海珠国家湿地公园内的河涌水系及海珠湖的水环境质量与湿地公园内的陆地区域的空间格局、建设状况密切相关，因此海珠国家湿地公园内的陆地地表是典型的水敏性区域。基于水敏性原则的海珠小微湿地群建设也是海珠国家湿地公园湿地修复不可缺少的组成部分。

小微湿地是指自然界在长期演变过程中形成的较稳定的一些小型和微型湿地生态系统（崔丽娟等，2021），如小湖泊、河湾、池塘、沟渠、春沼（袁兴中等，2023）、湫洼（Notiswa et al.，2020）等。2018 年 2 月 27 日～3 月 2 日，《湿地公约》第十三届缔约方大会预备会暨亚洲区域会议在斯里兰卡的奇洛召开。会议讨论了拟提交第十三届缔约方大会审议的部分决议草案。中国政府在此次会议上提交了《小微湿地保护与管理》的决议草案。2018 年 10 月 22 日，《湿地公约》第十三届缔约方大会在阿拉伯联合酋长国迪拜开幕。会议的 23 项议程重点审议了公约秘书长及各附属机构工作报告，审议和通过了公约框架及程序改革、2019～2021 年度财政预算、国际重要湿地状况、区域动议、小微湿地保护、湿地与气候变化等决议草案。至此，小微湿地保护进入管理者和相关领域研究者的视野。

海珠国家湿地公园内营建的小微湿地包括雨水花园、生物沟、生物洼地、树池洼地、下凹式绿地、青蛙塘、蜻蜓塘等（图 6-17～图 6-22）。小微湿地营建的主要目的就是利用雨水花园、生物沟、生物洼地这些水敏性结构，充分发挥其对雨洪管理、公园地表径流污染的净化功能（袁兴中等，2021c；陈君钰等，2022），保证海珠湿地水体环境质量。同时，这些小微湿地又是青蛙、水生昆虫甚至小型鱼类等栖息的小微生境。此外，这些小微湿地还能起到微气候调节作用。

图 6-17　海珠小微湿地之生物洼地

生物洼地是天然形成的低洼潮湿之地，或者是通过浅凹地形营建形成。海珠国家湿地公园的小微湿地营建，主要通过负地形的设计和营建，形成各种形态的浅洼小微湿地，自然发育各种耐湿草本植物，并吸引两栖类种群及各种昆虫

图 6-18　海珠小微湿地之生物塘

海珠国家湿地公园内的生物塘类型众多，包括果基鱼塘、桑基鱼塘和各种生物塘。专门针对青蛙与蜻蜓的栖息和生活习性，针对性地进行生物塘的地形和植物设计，以营建其良好的生物塘生境

图 6-19　海珠小微湿地之树池洼地

自然界有很多树池洼地分布，尤其是在高海拔的河源区域、森林和灌丛沼泽区。海珠小微湿地营建中，在一些树木的周边营建形成了浅凹地形，浅凹潮湿区生长着湿地植物，与树木构成优美的树池洼地景观

图 6-20　海珠小微湿地之生物沟

生物沟是线性小微湿地，不但能滞蓄雨水径流，而且能通过植物、土壤和微生物的物理、化学和生物的三重协同作用实现水质净化。海珠国家湿地公园内的生物沟内种植耐水湿矮草植物，如石菖蒲等，并通过枯枝倒木及卵石材料形成沟内异质性生境空间

图 6-21　海珠小微湿地之雨水花园

雨水花园是自然形成的或人工挖掘的浅凹绿地，被用于汇聚并吸收来自屋顶或地面的雨水，通过植物、沙土的综合作用使雨水得到净化，并使之逐渐渗入土壤，涵养地下水。海珠国家湿地公园内的雨水花园是生态可持续的小微湿地类型，发挥着雨洪控制、雨水利用、生物多样性保育作用

图 6-22　海珠小微湿地之下凹式绿地

下凹式绿地是高程略低于周围地表的绿地，其内部植物多以本土草本为主。海珠国家湿地公园内的下凹式绿地是通过营建下凹地形，降雨时积水，晴天处于潮湿状态，其水湿条件的改善使其成为与周边不同的生境类型，其内生长着湿生草本植物在海珠国家湿地公园的一期、二期的陆地区域，以水敏性设计原理为指导，在建筑周边、道路边缘、开阔地带、林间和林下规划进行雨水花园、生物洼地、生物沟、树池洼地、下凹式绿地、生物塘（包括青蛙塘、蜻蜓塘等）各种小微湿地的建设，形成海珠国家湿地公园内的小微湿地群。

第七章　湿地农业
——岭南共生的智慧

在岭南地区，千百年来，广大劳动人民在辛勤劳作的基础上形成了众多富有生态智慧的生产方式、农林水工程等，如桑基鱼塘、垛基果林湿地等。海珠湿地作为岭南大都市区的重要自然保留地，有很多生态智慧遗产被保留下来。为挖掘隐含在海珠湿地背后的生态智慧、破解岭南农业湿地可持续发展的密码，自2016年以来，海珠湿地开展了一系列探索性的创新工作。从垛基果林湿地恢复，到与湿地生态系统密切相关的系列生境小品的研发、构建，形成了垛基果林湿地与系列生境结构有机融合的整体湿地生态系统。它不仅呈现出具有岭南特色的优美湿地农耕景观，而且发挥了重要的湿地生态服务功能，生物多样性提升、湿地碳汇、雨洪调控等功能也日益优化。

第一节　都市稻田湿地恢复

恢复重建都市乡野稻田湿地系统、营建都市中的乡野景观（图7-1），使其成为都市田园梦的寄托和载体，在丰富湿地公园景观类型的同时，可为鸟类、昆虫等生物提供食物及庇护场所。

在海珠国家湿地公园范围内，稻田湿地不仅成为乡野情趣的寄托和开展青少年农事体验教育的重要基地（图7-2），而且已经成为生物多样性保护的重要场所。在海珠湿地恢复中，对稻田湿地进行设计，借鉴稻田养鱼的稻鱼共生生态智慧，在海珠稻田湿地中构建大小、形态、深浅不等的水塘，形成稻田中的明水面，不仅为各种鱼类提供栖息庇护的良好生境，而且可为水鸟提供栖息、觅食场所（图7-3）。

图 7-1　海珠国家湿地公园：都市中的乡野景观——稻田物语

稻田是海珠国家湿地公园内的湿地类型之一。稻田是传统农业湿地景观，在提供生物产品、蓄滞洪水、补充地下水、调节气候等方面具有重要作用。海珠国家湿地公园内的稻田呈现了都市中的乡野情趣。人们置身于稻田湿地区，面对湿黏的泥土和青绿的稻穗，唤起了自己浓浓的乡愁

图 7-2　海珠国家湿地公园仑头农耕教育示范基地的稻作体验场所

通过仑头农耕教育示范基地稻田的自然野趣体验与劳动实践的融合，人们可以在这片城央湿地开启一段了解稻作文化、农耕文明的趣味旅程，在聆听自然作物生长变化故事的同时，感悟岭南人民不懈开拓、垦殖、成长和进步的史诗

图 7-3　海珠国家湿地公园内的稻田湿地已成为生物多样性保护的重要场所

借鉴稻田养鱼的稻鱼共生生态智慧，在海珠国家湿地公园内的稻田湿地中构建大小、形态、深浅不等的水塘，形成了稻田中的明水面，不仅为各种鱼类提供了栖息庇护的好生境，而且为水鸟提供了栖息、觅食场所

第二节　岭南共生型湿地农业系统设计

岭南共生型湿地农业是利用珠江三角洲丰富的光热资源，利用岭南传统生态智慧，在恢复湿地资源的同时，构建各种类型的岭南共生型湿地农业模式，其将湿地农业、旱作农业及种植、养殖充分结合，形成了多层、多结构立体复合湿地农业形态。其中主要的共生型湿地农业模式见图 7-4～图 7-20。

岭南共生型湿地农业不仅是对立体空间和光热资源的充分利用，而且极大地丰富了生物多样性，使得单位土地面积的生态服务功能极大提高，蕴含着丰富的岭南生态智慧。

海珠共生型湿地农业的挖掘、继承和发扬光大，充分依赖当地居民的参与（图 7-21），也调动了当地居民的积极性。

图 7-4　荔枝-木瓜共生型湿地农业模式

岭南共生型湿地农业不仅是对立体空间和光热资源的充分利用，而且极大地丰富了生物多样性。荔枝与木瓜共生，形成了上层荔枝-下层木瓜-底层自生草本植物的多层共生结构，河涌、沟渠从垛基荔枝林间贯穿，形成了独具特色的岭南农业湿地

图 7-5　龙眼-木瓜共生型湿地农业模式

木瓜为热带、亚热带常绿软木质小乔木，高达 8～10m，可观果、可食用；龙眼是常绿乔木，通常高 10 余米，间有高达 40m 的。由龙眼与木瓜形成上、下层共生结构，使得单位土地面积的生态产品供给能力增强，产量增加，生态服务功能提升

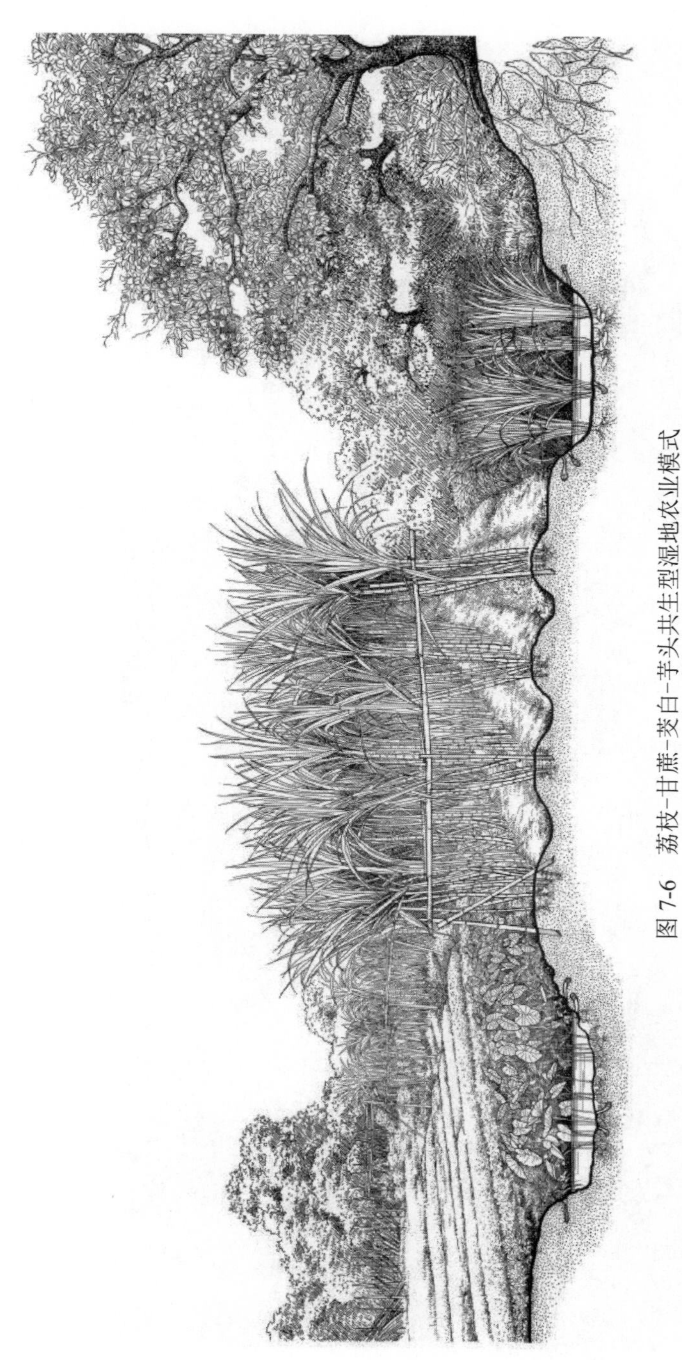

图 7-6 荔枝-甘蔗-茭白-芋头共生型湿地农业模式

根据各种南亚热带果树及各类湿地经济作物的生长特性，形成自上而下荔枝-甘蔗-茭白-芋头的“多层楼”共生结构，充分利用单位空间上的光热及养分资源，形成了多物种共生的岭南农业湿地

图 7-7　茭白-香蕉共生型湿地农业模式

茭白是较常见的水生蔬菜，是“岭南五秀”之一。在海珠国家湿地公园内，茭白多沿河涌沟渠边生长，在其外侧栽种被誉为“南方四大水果”之一的香蕉，形成了茭白-香蕉共生型湿地农业模式

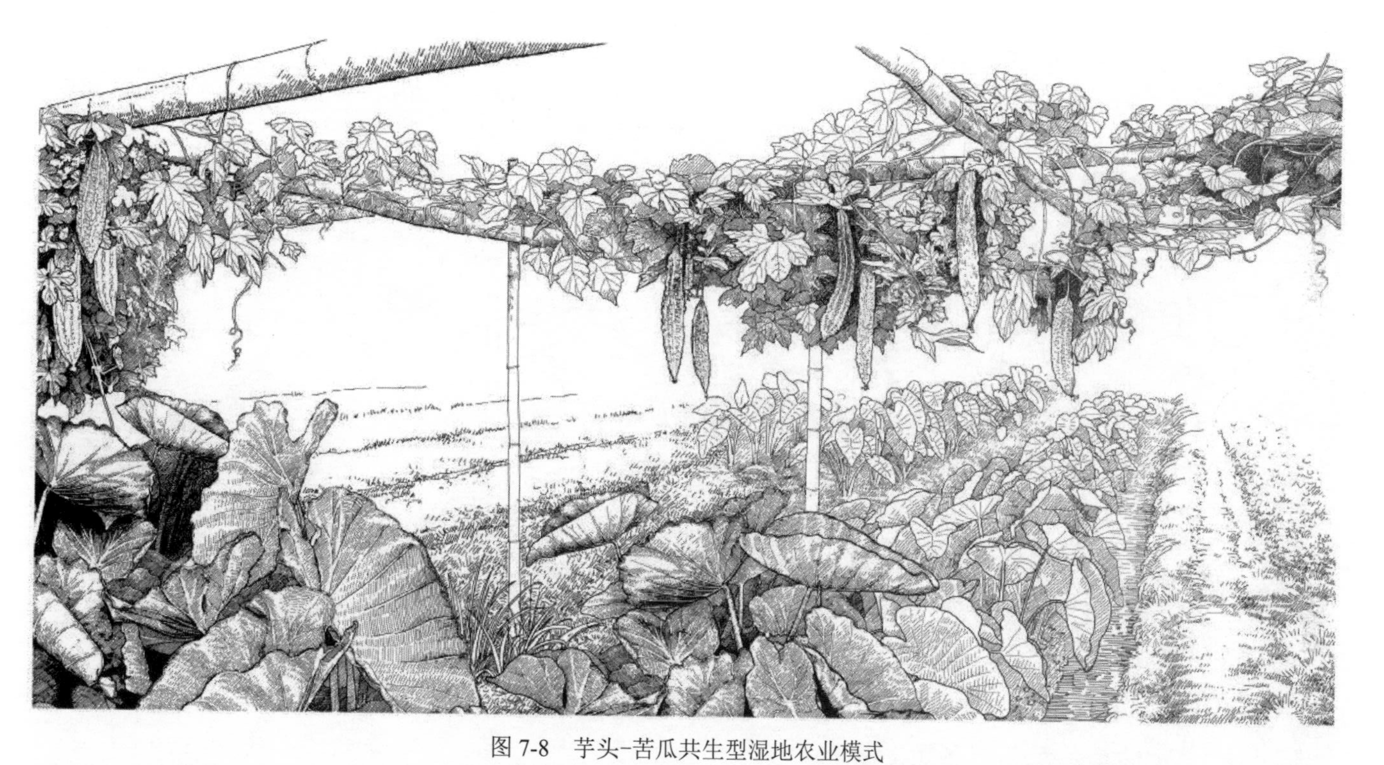

图 7-8　芋头-苦瓜共生型湿地农业模式

棚架是共生型农业的常用方式。以棚架种植苦瓜等藤蔓类瓜果蔬菜，在其下种植芋头。芋头喜高温湿润环境，是湿地蔬菜种类。芋头-苦瓜共生型湿地农业模式展示了棚架所营造的立体景观

图 7-9　龙眼–苦瓜–荷花共生型湿地农业模式

在荷塘的近岸水域上方搭建棚架，棚架上种植苦瓜等藤蔓类瓜果蔬菜，荷塘外侧为龙眼林，形成龙眼–苦瓜–荷花共生型湿地农业模式。这种多物种共生的岭南传统生态智慧，不仅增加了多种生态产品的产出，而且营建了独具魅力的湿地农业景观

图 7-10　荔枝-菱角基塘共生型湿地农业模式

珠江三角洲的基塘系统类型众多，菱角塘是其中一类。菱角是优良的水生蔬菜，是“岭南五秀”之一。在菱角塘的塘基上种植荔枝，形成荔枝-菱角基塘系统。塘基上除了种植荔枝，有时还在塘基的荔枝树下种植低矮的木瓜、香蕉，形成多层共生结构

图 7-11 荔枝-桑垛基果林共生型湿地农业模式

海珠国家湿地公园内传统的垛基果林多种植荔枝、龙眼、黄皮、阳桃等，此外可在垛基上种植桑。桑的叶、果皆可以利用，桑与荔枝混交形成了荔枝-桑垛基果林共生型湿地农业模式

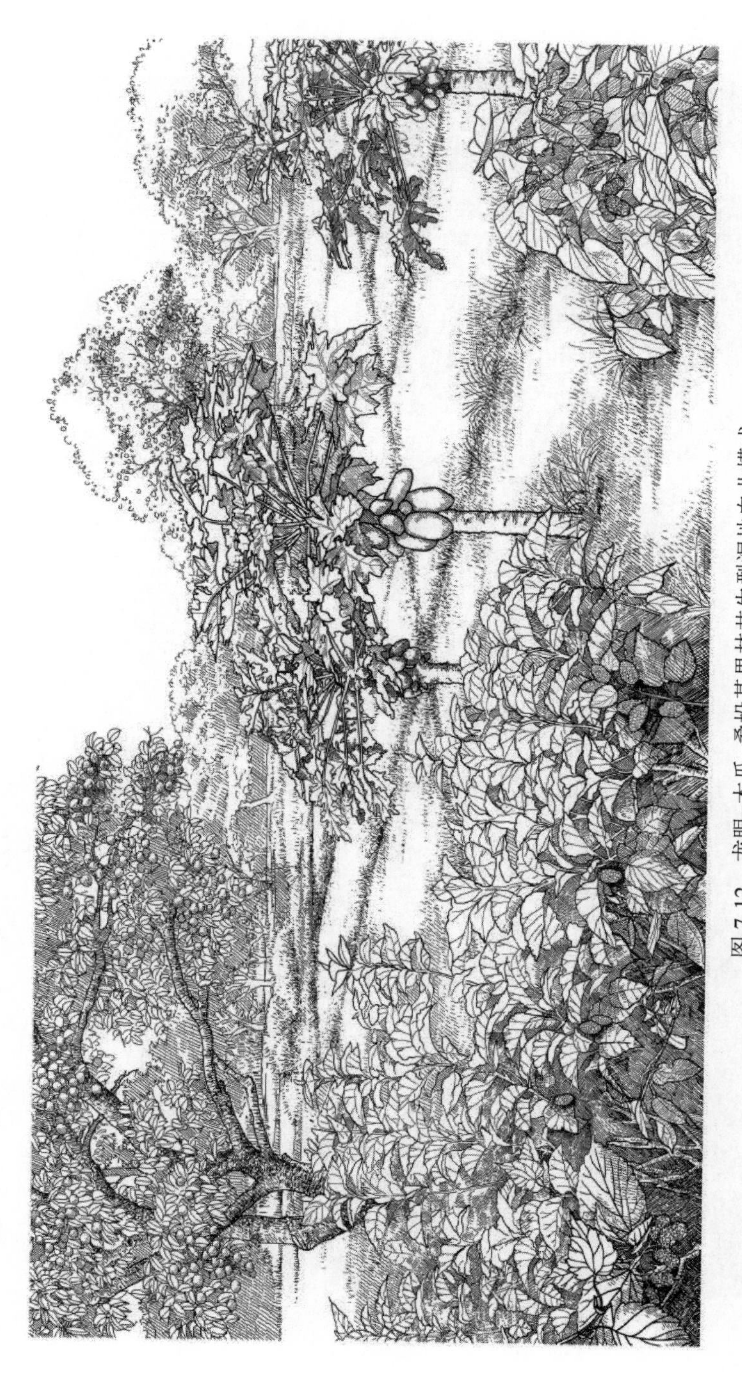

图 7-12　龙眼-木瓜-桑垛基果林共生型湿地农业模式

龙眼、木瓜、桑作为垛基上的果树种类，交互混作，形成了多物种、多层次的垛基果林共生模式。桑相对耐湿，种植于垛基低洼之处，与纵横贯穿于垛基区的沟渠共同组成了岭南共生型湿地农业画卷

图 7-13　荔枝-香蕉-荷花共生型湿地农业模式

在荷塘塘基上种植荔枝，荔枝树下种植香蕉，从水到陆，形成了荷花、香蕉、荔枝的生态序列。对荔枝-香蕉-荷花共生型湿地农业采取近自然管理方式，以尽可能少地出现人工扰动获取最大的生态效益和经济效益

图 7-14　龙眼-香蕉-荷花共生型湿地农业模式

龙眼-香蕉-荷花共生型湿地农业不仅是将良好生态本底转化为高价值生态产品的重要模式，而且也是海珠国家湿地公园的重要景观资源。由图中可见，以竹木结构修建的景观桥跨越在荷塘之上，为游客提供了观赏游憩的良好空间

图 7-15 荔枝-水稻共生型湿地农业模式

稻田湿地给海珠国家湿地公园增添了乡野情趣，而荔枝林对稻田的围合则对稻田生态系统起到良好的生态防护作用。高大的荔枝林下可种植木瓜、香蕉，以进一步形成稻田湿地周边层次丰富的生态绿篱

图 7-16　番茄-茭白-旱作蔬菜共生型湿地农业模式

水旱轮作、套种是岭南地区常见的共生型农业模式，是对光、热、水、土资源的充分利用。将茭白等水生蔬菜与旱作蔬菜套种，其上以立体棚架种植番茄，形成了水旱轮作套种+立体棚架的岭南湿地农业景观

图 7-17　荸荠-瓜菜-荔枝共生型湿地农业模式

荸荠是一种特色水生蔬菜，是“岭南五秀”之一，其地下的膨大球茎可供食用。将荸荠与旱作蔬菜垄状套种，并与立体棚架交织，立体棚架上种植藤蔓类瓜果蔬菜，地块边缘以荔枝围合

图 7-18　果桑-龙眼共生型湿地农业模式

垛基上种植果桑，果桑以结果为主，果叶兼用，其果大、口味鲜美，深受人们喜爱。龙眼在果桑垛基周边围合，形成了龙眼-果桑共生型湿地农业模式

图 7-19　基塘边的立体棚架

基塘边的立体棚架是将竹木结构制作的棚架放置到基塘近岸水域，棚架上种植藤蔓类瓜果蔬菜。棚架植物的遮阴，使得近岸水域的鱼类栖息条件得到改善，同时优化了基塘水岸景观品质

图 7-20　茄子-荔枝共生型湿地农业模式

混农林业或农林复合生态系统是农、林资源的协同共生，农、林形态各异，结构层次丰富，产品多种多样。海珠国家湿地公园内除了有各种水旱共生的湿地农业模式，也有一部分旱地混作的农、林模式。如图中所示，茄子与荔枝的混作提高了生态产品的丰富性和多样性

图 7-21　管理人员在垛基果林内讨论共生型湿地农业的发展

海珠国家湿地公园内及其周边的居民生活在这片土地上，传承了千百年来的岭南乡村生态智慧，并将这种智慧落实到海珠湿地的修复实践中。充分挖掘传统生态智慧，让他们参与到海珠湿地的修复实践中，才能真正体现在海珠湿地这片土地上的人与自然的协同共生

第三节　海珠湿地特色的生态工法

海珠区湿地保护管理办公室在实施湿地修复的过程中，借鉴岭南传统农耕生态智慧，创建了具有海珠特色的系列生态工法。以海珠垛基果林湿地中的果树枯枝等木质物残体作为自然材料，建设的各种生物塔、“昆虫旅馆”、

篱笆系统等生境小品，构建了具有海珠特色的“多功能生命景观工法”，包括以“海珠生命篱笆”为主题的各类篱笆系统（图 7-22～图 7-26）、以“海珠生命方舟”为代表的各类“昆虫旅馆”和生物塔（图 7-27）、以“海珠生命景观墙”为代表的各种垂直生境小品。“多功能生命景观工法”强调自然材料的运用，强调各种生命景观的多功能，包括提供生物生境、增加环境空间异质性、景观观赏和科普宣教等功能。

运用垛基果林区域果树的枯枝等自然材料，借鉴岭南传统工法技艺中的智慧，创造了一系列富有海珠特色的“在地自然生命建筑”，如荔枝枯木观鸟平台（图 7-28）、围屋式观鸟屋（图 7-29）、百年荔枝学堂（图 7-30、图 7-31）、树屋自然学堂（图 7-32、图 7-33），形成了创新性的“在地自然生命建筑工法”。

图 7-22　枯枝篱笆与树篱结合形成的复合篱笆系统

树篱是乡村地区常见的线性生态廊道，具有提供物种迁移、生态屏障、生物生境等功能。在海珠湿地修复中，以果林内的枯树枝构建篱笆，将其与高大的树篱结合，形成了复层篱笆系统

图 7-23　垛基果林中的枯枝篱笆成为昆虫栖息的生境

利用果林中的枯枝，构建海珠国家湿地公园内的篱笆系统。这些枯枝篱笆除了起到围隔、生态防护作用，也成为昆虫栖息的生境，海珠湿地发现的新物种“海珠斯萤叶甲”就栖息在这些枯枝篱笆中

图 7-24　以枯枝倒木构建的篱笆及涉河木桥

以枯枝倒木制作的涉河木桥，与枯枝篱笆连为一个整体，构成了完整的线性生态廊道。枯枝及倒木是柔性生态材料，以此为原料构建的篱笆系统与周围环境有良好的融合性，并提供了多种小微生境

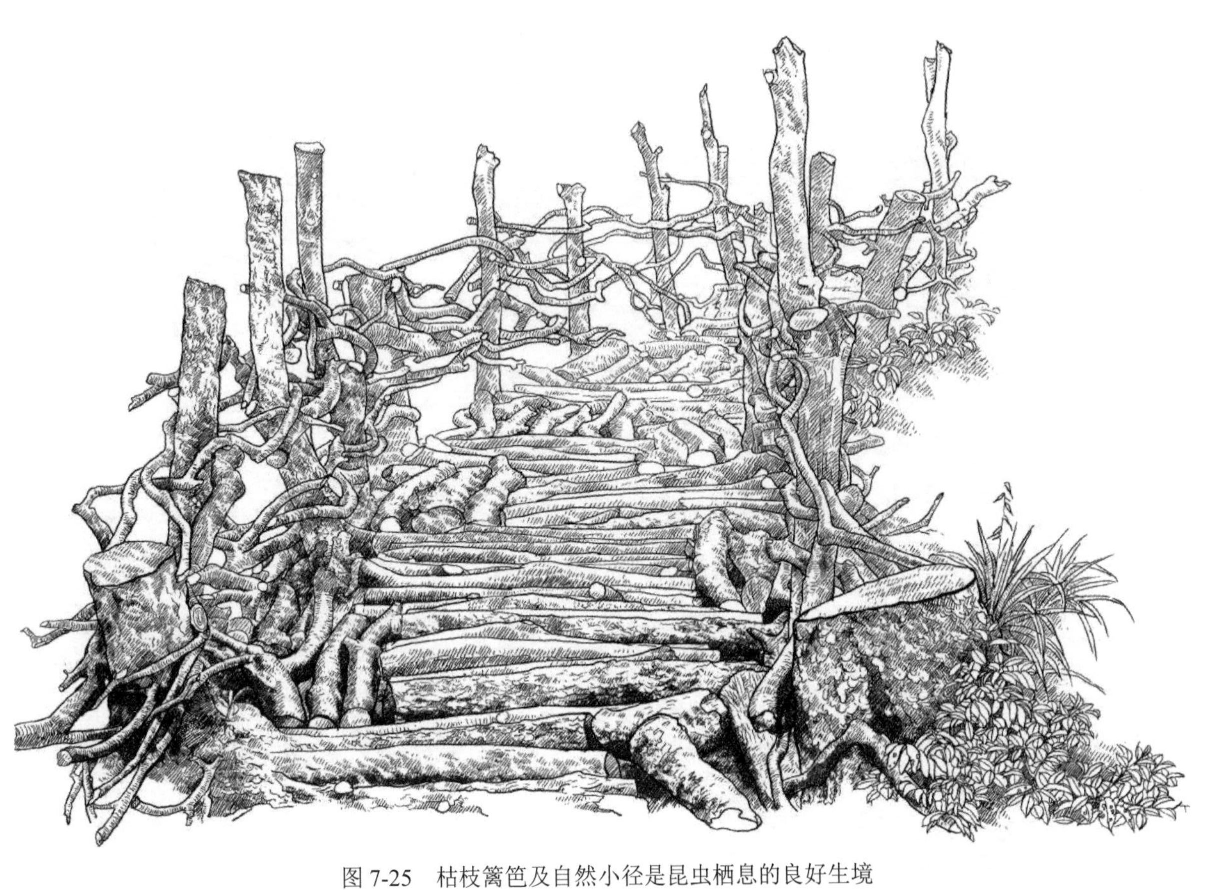

图 7-25 枯枝篱笆及自然小径是昆虫栖息的良好生境

手作步道已经成为国家湿地公园等自然公园步道修建的重要方式，材料来源通常为土石及木质物。在海珠国家湿地公园内，以果林枯枝构建自然小径，并与枯枝篱笆连为一个整体，既是优美的景观构筑物，又是各种昆虫的小微生境

图 7-26　枯枝篱笆已成为垛基果林湿地内妙趣横生的生境小品

将枯枝篱笆与“昆虫旅馆”的构建融为一体，形成具有生命活力的篱笆系统，与垛基果林湿地相映生辉。这些篱笆系统既是各种昆虫的小微生境，又是海珠湿地重要的线性生态廊道

图 7-27　利用自然材料构建“昆虫旅馆”，形成多功能生命景观

在海珠国家湿地公园内，以果林枯枝等木质物残体与废弃砖石构建的形态各异的“昆虫旅馆”，既是优美的景观小品，又是各种昆虫栖居的小微生境

图 7-28　荔枝枯木观鸟平台

在海珠湿地小洲片区的垛基果林湿地修复区域，鸟类种类和种群数量得到明显提升。在该区域内，利用荔枝等果树的枯枝，搭建了隐蔽性好、与环境融合性好的观鸟平台，方便人们观察鸟类的活动的同时不会惊吓和妨碍鸟类

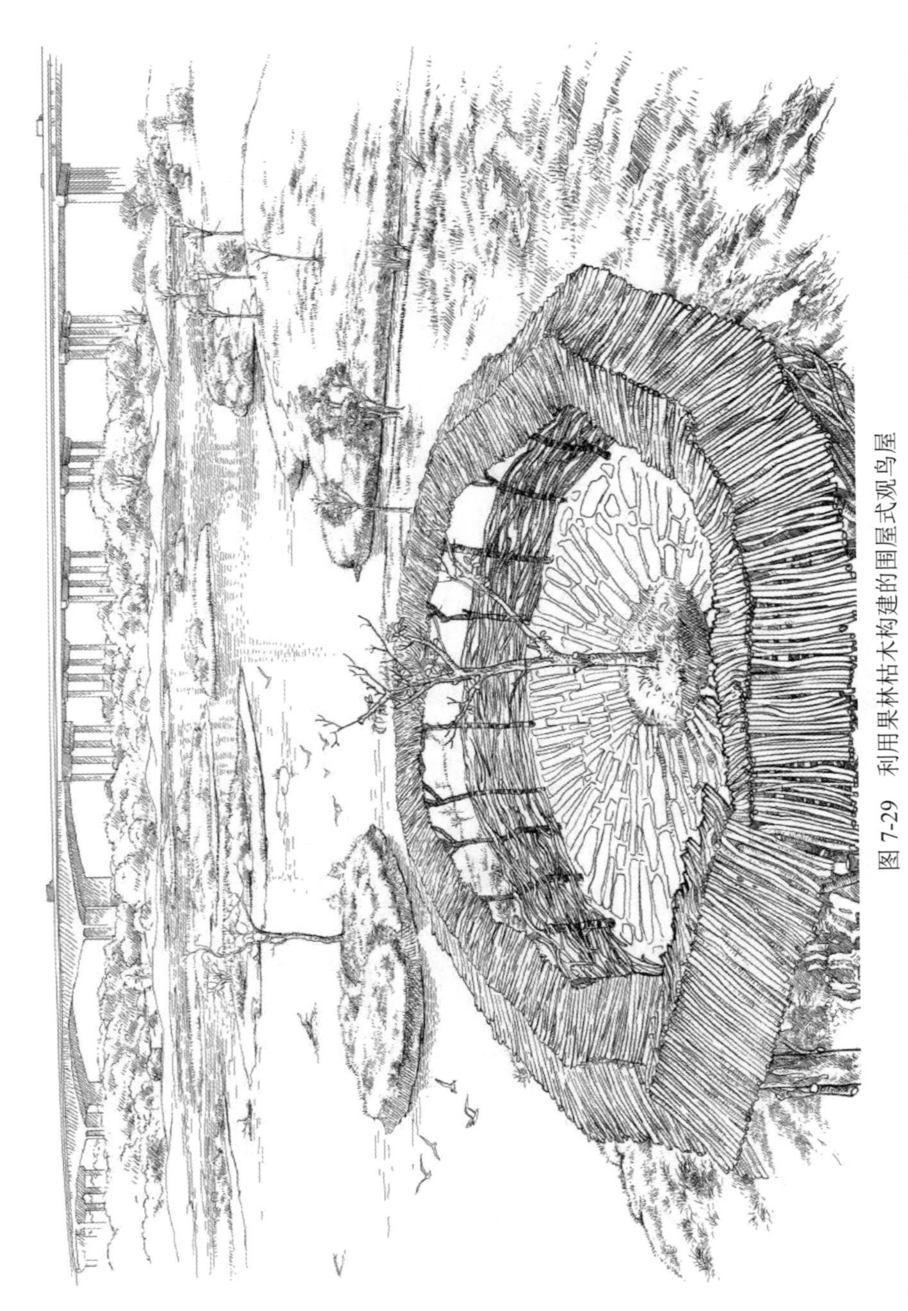

图 7-29　利用果林枯木构建的围屋式观鸟屋

观鸟围屋借鉴了岭南客家围屋的建造智慧，利用这一传统的建筑形式，在海珠湿地小洲片区垛基果林湿地修复区，利用地势较高的平台，用果树枯枝搭建了围屋式观鸟屋。围屋建筑立面视线通透，结构柱形成了一个个观鸟窗口，窗外是浅水沼泽和岛链生境，水鸟飞翔，自然和谐

图 7-30 利用果林枯木搭建的百年荔枝学堂

利用海珠湿地小洲片区垛基果林湿地修复区内的一棵临水的百年古荔枝树，以自然材料搭建了荔枝学堂。这是一个在地生长的生命建筑，枯树枝围合形成自然墙面，废弃树干切片铺设形成自然地面，其孔隙空间内自生植物自由生长，昆虫栖息繁衍。屋顶铺设压实的茅草，室内布设围绕古荔枝树的木质坐凳，形成了百年荔枝学堂的内外结构

图 7-31 在百年荔枝学堂内开设自然教育讲堂

在百年荔枝学堂内，在临水的古荔枝树下，自然的茅草屋顶、从树枝透进学堂内部的阳光、吹过的微风、一只爬上树干的蚂蚁等，都在教给人们那些最简单而又最质朴的自然原理。这种户外的在地自然教育创新了自然教育的模式

图 7-32　以两棵大榕树为骨架建立的树屋自然学堂

以临水的两棵大榕树作为基本骨架，巧妙地利用果林枯枝等木质物残体搭建榕树树屋，利用它遮阳避雨。以篱笆围合，内设用果林枯木制作的桌凳，形成了与自然融为一体的自然教育生命建筑

图 7-33　树屋自然学堂内的自然讲堂

在树屋自然学堂这样的自然教育生命建筑里，通过开展在地自然教育，人们能够感受到与自然气息的呼应。树屋内外，人与自然融为一体，生命的故事源远流长

第八章　收获的喜悦
——湿地修复成效

第一节　生态环境效益

海珠垛基果林湿地生态修复实践是一个针对传统农业文化遗产优化提升的整体生态系统设计，是国土空间农业文化遗产保护修复的有益尝试，也是国土空间生态保护和生态友好型利用的现实需要。为充分挖掘珠江三角洲千百年来从传统农耕时代流传下来的文化遗产，借鉴垛基果林农业文化遗产中的生态智慧，运用现代生态工程技术，自 2017 年以来，我们在海珠湿地的小洲片区选择了约 20hm^2 传统垛基果林，开始了岭南农业文化遗产的重生之路和垛基果林湿地修复的生态实践。通过垛基果林湿地要素、结构、功能的设计和生态修复实践，迄今已初步形成了生态服务功能不断提升、景观美化优化的协同共生系统——海珠垛基果林湿地。

调查表明，垛基果林湿地修复实施两年来，垛基形态优美，基岸自然蜿蜒（图 8-1）。

由于垛基上的果树得到疏伐，光照条件改善了，林下草本植物繁茂，动植物种类逐渐增加。监测表明，由于植物群落结构的优化，草本植物种类增加，昆虫及鸟类种类和种群数量也明显增加。海珠区湿地保护管理办公室委托专业机构对实施了修复工程的小洲片区 20hm^2 传统垛基果林进行了生物多样性调查。调查发现鸟类有 49 种，比实施修复前增加了 21 种。

在垛基果林湿地修复中，除了进行柔性植物水岸的设计和修复重建，我们还特别注重了对番石榴等向水性植物的保留和运用。修复两年后的番石榴水岸不仅在河涌沟渠边岸形成了复杂的柔性结构，而且在沟渠水道上方形成了良好的生态空间结构。并且，番石榴等树木在向水生长过程中，其悬垂的树枝及掉落进入水中的枯枝，形成了多样化的微水文环境，增加了沟渠河道中的生境异质性和多样性（图 8-2）。

图 8-1　实施修复两年后的海珠垛基果林湿地外貌

图 8-2　海珠垛基果林湿地内的河涌柔性植物水岸

示向水性生长的番石榴对河岸生态的防护作用

对垛基果林中垛上果树的适度疏伐，使荔枝、龙眼、黄皮、阳桃等热带水果生长得更好，水果品质更加优良，宝贵的热带水果种质资源得到保护。并且，古果树资源得到完好地保留保护。这样真正实现了“基、果、水、岸、生”“五素同构”和协同共生。垛基形态优美，果树生长良好，水质优良，基岸蜿蜒自然，生物种类多样（图 8-3）。

图 8-3 修复后的垛基果林“基、果、水、岸、生”各要素协同共生

在传承岭南传统农耕生态智慧的基础上，海珠湿地修复致力于在自然中寻找启示，发掘自然智慧和生命智慧。在探索具有海珠特色的新生态智慧工法的道路上稳步前行，海珠湿地修复进行了海珠生态工法与系列自然艺术技法的有机融合，利用海珠国家湿地公园内的废弃果枝等各种自然材料，创新性地研发并制作了系列“多功能生态艺术作品”，创建了具有海珠特色的系列生态工法，包括以“垛基果林湿地”为代表的“岭南农业湿地系统重建工法”，以“无齿螳臂相手蟹+番石榴”为标志的“生物相水岸重建生态工法”，利用自然材料构建的篱笆（图 8-4）、“昆虫旅馆”等生境小品的“多功能生命景观工法”（图 8-5），以及用自然材料搭建的观鸟平台（图 8-6）、荔枝学堂、树屋于一体的“在地自然生命建筑工法”。这些“多功能生态艺术作

品”及其所蕴含的生态技艺和工法，是传统生态智慧与自然智慧交融的结晶，展现了海珠湿地生态与艺术的交相辉映。

图 8-4　利用自然材料构建的篱笆

图 8-5　利用木质物残体营建的“昆虫旅馆”——“海珠生命方舟”

图 8-6　用自然材料搭建的观鸟平台

通过多年来的海珠垛基果林湿地生态系统设计及生态修复实践，经过优化改造的海珠垛基果林湿地发挥着越来越强大的生物多样性保育、水环境净化、景观美化等生态服务功能，且由于海珠垛基果林湿地生态系统的自我设计和修复功能开始发挥，其生态服务功能持续得到优化，海珠垛基果林湿地表现出修复实践结果的良好可持续性。由于注重生态服务功能的优化提升，垛基果林湿地生态系统设计和修复实践初步实现了海珠国家湿地公园这片国土空间只征不转的多种生态功能需求和多重效益。

垛基果林湿地的修复是岭南农业文化遗产重生生态实践的有益尝试。以全面优化生态系统服务为目标，垛基果林湿地的修复重点针对湿地景观品质提升、河涌沟渠水质改善、生物多样性恢复，将自然的自我设计与生态修复相结合，整理水系，修复湿地内的水文连通性，进行垛间水道拓展及设计，适度拓展水面空间；进行垛上果林疏伐及植被结构优化改造，对现有果林进行疏伐后，稀疏种植南亚热带地带性高大乔木，草本植物以自然恢复为主，形成了垛上“乔木+灌木+草本地被”的丰富植被层次；进行果林开敞空间营建及湿地生境修复，恢复了典型的垛基果林湿地形态和功能。

第二节　经济社会效益

海珠垛基果林湿地的修复实践，融合了传统农耕智慧和生态智慧，在保留保护传统农业文化遗产的同时，形成了生态服务功能优化、形态结构优美的独特岭南湿地形态。海珠垛基果林湿地是岭南热带果林-湿地复合生态系统，是重要的农业文化遗产之一，是岭南生态智慧实践运用的结晶。

海珠垛基果林湿地修复使周边的人居环境质量更加优良，带动了周边的会展经济、总部经济，极大地推动了周边经济的发展，也让广州市民享受到优美的绿意空间。

海珠垛基果林湿地作为粤港澳大湾区“山-水-林-田-湖-草-海”生命共同体的重要组成部分，其丰富的湿地资源和发达的经济并存。作为大湾区绿色桥梁的海珠垛基果林湿地，是人与自然和谐共处的生命共同体。海珠垛基果林湿地是都市生命之源，是大湾区重要的生态宝库，在大湾区湿地生态系统保护中具有举足轻重的地位，在建设大湾区生态文明和构建“一带一路”的国际合作中发挥着重要作用。

海珠垛基果林湿地是对湿地概念内涵和外延的创新拓展，以其创新的发展理念，构建了空间无界、时间无界、功能无界和效益无界的宏大湿地生命世界。海珠垛基果林湿地创新的湿地保护修复策略、湿地管理智慧，在大湾区和“一带一路”建设中发挥了引领和示范作用。以海珠垛基果林湿地为媒，连接起大湾区和“一带一路”的湿地家园，积极承担起新时期和新时代生态文明建设赋予我们的神圣使命，以无界湿地的魄力，构筑绿色发展的桥梁。

主要参考文献

陈阿江，刘竹香. 2023. 未能传承活化的农业遗产——以垛田农业观光旅游为例[J]. 学习与探索，(6)：19-27.

陈君钰，袁兴中，李祖慧，等. 2022. 重庆梁平双桂湖北岸小微湿地生态设计与实践研究[J]. 园林，39（11）：91-98.

丛维军. 2005. 广州市海珠区城市湿地生态系统研究[D]. 广州：中山大学.

崔保山，杨志峰. 2006. 湿地学[M]. 北京：北京师范大学出版社.

崔丽娟，雷茵茹，张曼胤，等. 2021. 小微湿地研究综述：定义、类型及生态系统服务[J]. 生态学报，41（5）：2077-2085.

范存祥，袁兴中，黄诗琳，等. 2022. 垛基果林湿地恢复技术规程（DB44/T 2359—2022）[S]. 广东省市场监督管理局.

龚建周，蒋超，胡月明，等. 2020. 珠三角基塘系统研究回顾及展望[J]. 地理科学进展，39（7）：1236-1246.

郭盛晖，司徒尚纪. 2010. 农业文化遗产视角下珠三角桑基鱼塘的价值及保护利用[J]. 热带地理，30（4）：452-458.

洪玉珍，孟顺龙，陈家长. 2023. 鱼类栖息地保护技术研究进展[J]. 农学学报，13（3）：82-87.

胡玫，林箐. 2018. 里下河平原低洼地区垛田乡土景观体系探究——以江苏省兴化市为例[J]. 北京规划建设，(2)：104-107.

黄慧诚，黄丹雯. 2017. 海珠湿地 广州“绿心”[J]. 环境，(4)：28-31.

江海燕，黄晓彤，马源，等. 2023. 珠三角河网区典型生境植物群落构成特征及生态修复[J]. 生态学报，43（8）：3273-3285.

林日健，骆世明. 1989. 珠江三角洲高畦深沟农田生态系统的结构及功能研究[J]. 生态学杂志，(3)：24-28，52.

刘东煊. 2019. 广州海珠国家湿地公园生态系统服务功能价值评估[D]. 广州：广州大学.

刘泰山，姜晓丹. 2021-02-16. 始建于宋代，集围垦、灌溉、养殖等于一体——桑园围 岭南的水利传奇[N]. 人民日报，6 版.
卢勇. 2011. 江苏兴化地区垛田的起源及其价值初探[J]. 南京农业大学学报（社会科学版），11（2）：132-136.
卢勇，高亮月. 2015. 挖掘与传承：全球重要农业文化遗产兴化垛田的文化内涵探析[J]. 西北农林科技大学学报（社会科学版），15（6）：155-160.
卢勇，王思明. 2013. 兴化垛田的历史渊源与保护传承[J]. 中国农业大学学报（社会科学版），30（4）：141-148.
鲁芸，吴紫涵，刘清园，等. 2023. 基于鱼类产卵需求的栖息地修复效果评价[J]. 环境工程技术学报，13（2）：733-741.
陆健健，何文珊，王伟，等. 2006. 湿地生态学[M]. 北京：高等教育出版社.
路侠丽，李阳，赵飞. 2022. 海珠湿地：岭南佳果基因库[J]. 农产品市场，（7）：24-27.
罗明，应凌霄，周妍. 2020. 基于自然解决方案的全球标准之准则透析与启示[J]. 中国土地，（4）：9-13.
马广仁. 2017. 国家湿地公园湿地修复技术指南[M]. 北京：中国环境出版社.
闵庆文. 2006. 全球重要农业文化遗产——一种新的世界遗产类型[J]. 资源科学，28（4）：206-208.
孙儒泳. 2001. 动物生态学原理（第三版）[M]. 北京：北京师范大学出版社.
唐虹，冯永军，刘金成，等. 2018. 广州海珠湿地生态修复过程中的鸟类多样性研究[J]. 野生动物学报，39（1）：86-91.
王晓锋，刘红，袁兴中，等. 2016. 基于水敏性城市设计的城市水环境污染控制体系研究[J]. 生态学报，36（1）：30-43.
谢汉宾，张伟，李贲，等. 2018. 两栖类栖息地的构建技术及效果评估[J]. 应用生态学报，29（8）：2771-2777.
谢慧莹，郭程轩. 2018. 广州海珠湿地生态系统服务价值评估[J]. 热带地貌，39（1）：26-33.
郇庆治. 2021. 建设人与自然和谐共生的现代化[N]. 人民日报，2021-01-11：09 版.
叶水送，方燕，李恺. 2013. 城市化对昆虫多样性的影响[J]. 生物多样性，21（3）：260-268.
袁嘉，袁兴中. 2022. 湿地生态系统修复设计与实践研究[M]. 北京：科学出版社.

袁兴中. 2014. 从都江堰工程看中国古代生态智慧的启示[J]. 大学科普，（1）：25.

袁兴中. 2020. 河流生态学[M]. 重庆：重庆出版社.

袁兴中，范存祥，林志斌，等. 2021a. 垛基果林湿地恢复——岭南农业文化遗产的重生[J]. 三峡生态环境监测，6（2）：36-44.

袁兴中，贾恩睿，刘杨靖，等. 2020. 河流生命的回归——基于生物多样性提升的城市河流生态系统修复[J]. 风景园林，27（8）：29-34.

袁兴中，李祖慧，蒋启波，等. 2023. 春沼生态系统概述及其研究进展[J]. 生态学报，43（13）：5235-5250.

袁兴中，向羚丰，扈玉兴，等. 2021b. 跨越界面的生态设计——重庆市三峡库区澎溪河河/库岸带生态系统修复[J]. 景观设计学，9（3）：12-27.

袁兴中，袁嘉，胡敏，等. 2021c. 顺应高程梯度的山地梯塘小微湿地生态系统设计[J]. 中国园林，37（8）：97-102.

曾贤刚. 2020. 生态产品价值实现机制[J]. 环境与可持续发展，45（6）：89-93.

曾昭璇，王为，朱照宇，等. 2004. 论珠江三角洲河网的人为影响[J]. 第四纪研究，24（4）：379-386.

张坚，钟功甫，吴厚水. 1993. 基塘经济生态系统人——地协调关系分析[J]. 生态科学，12（2）：55-59.

赵玲玲，夏军，杨芳，等. 2021. 粤港澳大湾区水生态修复及展望[J]. 生态学报，41（12）：5054-5065.

钟功甫. 1980. 珠江三角洲的“桑基鱼塘”——一个水陆相互作用的人工生态系统[J]. 地理学报，35（3）：200-209，277-278.

钟功甫，邓汉增，王增骐，等. 1987. 珠江三角洲基塘系统研究[M]. 北京：科学出版社.

周婷. 2023. 广州海珠国家湿地公园植被志[M]. 北京：高等教育出版社.

Bai Y Y, Sun X P, Tian M, et al. 2014. Typical water-land utilization GIAHS in low-lying areas: the Xinghua Duotian Agrosystem example in China[J]. Journal of Resources and Ecology, 5(4): 320-327.

Bauduceau N, Berry P, Cecchi C, et al. 2015. Towards an EU research and innovation policy agenda for nature-based solutions & re-naturing cities. Final report of the Horizon 2020 expert group on 'nature-based solutions and re-naturing cities'[R]. Brussels: Directorate-General for Research and Innovation(European Commission): 4.

Beecham S, Chowdhury R. 2012. Effects of changing rainfall patterns on WSUD in Australia[J]. Proceedings of the Institution of Civil Engineers - Water Management, 165(5): 285-298.

Bridgewater P, Kim R E. 2021. The ramsar convention on wetlands at 50[J]. Nature Ecology & Evolution, 5(3): 268-270.

Chan G L. 1993. Aquaculture, ecological engineering: lessons from China[J]. Ambio, 24(7): 491-494.

Kazemi F, Beecham S, Gibbs J. 2011. Streetscape biodiversity and the role of bioretention swales in an Australian urban environment[J]. Landscape and Urban Planning, 101(2): 139-148.

Mitsch W J, Gosselink J G. 2015. Wetlands(5th ed)[M]. Hoboken: Wiley.

Mitsch W J, Lu J J, Yuan X Z, et al. 2008. Optimizing ecosystem services in China[J]. Science, 322: 528.

Notiswa Libala, Carolyn G. Palmer, Oghenekaro Nelson Odume. Using a trait-based approach for assessing the vulnerability and resilience of hillslope seep wetland vegetation cover to disturbances in the Tsitsa River catchment, Eastern Cape, South Africa. Ecology and Evolution, 2020, 10: 277-291.

Pechmann J H, Scott D E, Semlitsch R D, et al. 1991. Declining amphibian populations: the problem of separating human impacts from natural fluctuations[J]. Science, 253: 892-895.

Renard D, Iriarte J, Birk J J, et al. 2012. Ecological engineers ahead of their time: the functioning of pre-Columbian raised-field agriculture and its potential contributions to sustainability today[J]. Ecological Engineering, 45: 30-44.

Sobrevila C, Hickey V, Mackinnon K. 2008. Biodiversity, climate change, and adaptation: nature-based solutions from the World Bank portfolio[R]. Washington DC: the World Bank.

Stovin V. 2010. The potential of green roofs to manage Urban Stormwater[J]. Water and Environment Journal, 24(3): 192-199.

Williams P, Whitfield M, Biggs J. 2008. How can we make new ponds biodiverse? A case study monitored over 7 years[J]. Hydrobiologia, 597(1): 137-148.